绿色食品
GreenFood

2018
绿色食品发展报告

中国绿色食品发展中心　编

中国农业出版社
北　京

图书在版编目（CIP）数据

2018绿色食品发展报告／中国绿色食品发展中心编
．—北京：中国农业出版社，2019.9
ISBN 978-7-109-26013-9

Ⅰ.①2…　Ⅱ.①中…　Ⅲ.①绿色食品-产业发展-
研究-中国-2018　Ⅳ.①F426.82

中国版本图书馆CIP数据核字（2019）第220765号

2018绿色食品发展报告

2018 LÜSE SHIPIN FAZHAN BAOGAO

中国农业出版社出版
地址：北京市朝阳区麦子店街18号楼
邮编：100125
责任编辑：廖　宁
责任校对：沙凯霖
印刷：中农印务有限公司
版次：2019年9月第1版
印次：2019年9月北京第1次印刷
发行：新华书店北京发行所
开本：889mm×1194mm　1/16
印张：5.5
字数：160千字
定价：68.00元

版权所有·侵权必究
凡购买本社图书，如有印装质量问题，我社负责调换。
服务电话：010-59195115　010-59194918

《2018绿色食品发展报告》
编 委 会

主　　任	张华荣
副 主 任	唐　泓　刘　平　杨培生　陈兆云
主　　编	张华荣
执行主编	刘　平
副 主 编	张志华　刘艳辉　张　宪
技术编审	唐　伟　马　雪　粘昊菲
参编人员	（按姓氏笔画排序）

马　卓　马乃柱　王　敏　王华飞　白永群　丛晓娜
兰宝艳　刘斌斌　孙　辉　孙志永　孙跃丽　李连海
李显军　时松凯　何　庆　余汉新　沈光宏　张　慧
陈　倩　陈　曦　赵　辉　赵建坤　郜维娓　修文彦
宫凤影　秦　芩　夏兆刚　高继红　常筱磊　梁志超
雷秋园　穆建华

2018

绿色食品发展报告

目 录
CONTENTS

第一篇 ○ **综述**

一、发展政策 / 3

二、"三品一标"发展概况 / 5

三、重大活动 / 9

第二篇 ○ **绿色食品**

一、产品发展 / 17

二、基地建设 / 25

三、证后监管 / 31

四、技术支撑 / 34

五、体系建设 / 40

六、品牌建设 / 44

七、国际交流 / 56

第三篇 ○ **中绿华夏有机农产品**

一、产品发展 / 61

二、基地建设 / 65

三、证后监管 / 66

四、品牌建设 / 67

五、国际认证与交流 / 68

第四篇 ○ 农产品地理标志

一、发展情况 / 73

二、证后监管 / 75

三、业务培训 / 76

四、品牌宣传 / 76

五、国际交流与合作 / 78

第五篇 ○ 无公害农产品

一、发展概况 / 81

二、认证制度改革 / 81

第一篇

综　　　述

安徽省金寨县绿色食品茶叶基地

2018 绿色食品发展报告

第一篇 综述

一、发展政策

中共中央、国务院一直高度重视农产品质量安全和农业绿色发展工作，2018 年对农产品质量安全又提出了新的更高要求，强调要把"着力增加绿色优质农产品的供给"摆在更加突出的位置。引领农业产业和消费转型升级，需要绿色食品、有机农产品和农产品地理标志发挥"主力军"作用。

《中共中央 国务院关于实施乡村振兴战略的意见》
（2018 年中央 1 号文件）

文件提出，要求实施质量兴农战略，深入推进农业绿色化、优质化、特色化、品牌化，调整优化农业生产力布局，推动农业由增产导向转向提质导向。实施产业兴村强县行动，推行标准化生产，培育农产品品牌，保护地理标志农产品，打造"一村一品、一县一业"发展新格局。

农业部办公厅印发《2018 年农产品质量安全工作要点》
（2018 年 2 月）

文件要求，要坚持"树起来"，着力提升农产品品牌含金量。绿色食品工作要按照"稍有不合，坚决不批，发现问题，坚决出局"的要求，稳步推进绿色食品标志许可工作，提高准入门槛，严格审核认证，提升发展质量，防范风险隐患。扎实做好绿色食品证后监管工作，强化淘汰退出机制，确保标志许可持续符合标准规范要求。要坚持"讲出来"，加强绿色食品宣传，以"绿色生产、绿色消费、绿色发展"为主题，举办"绿色食品宣传月"活动，组织开展绿色食品进社区、媒体记者进企业等集中宣传活动。指导、鼓励、支持各地加大绿色食品形象宣传，以电视台、电台、报刊、互联网为平台，以车站、港口、机场、高速公路广告牌为节点，开展绿色食品品牌形象宣传，上下联动，共同推进。提升绿色食品的知名度、美誉度，让绿色食品标志形象深入人心、发展理念广为传播、品牌效应进一步扩大，力争让绿色食品品牌家喻户晓。加大绿色食品优质农产品市场推介。举办第十九届中国绿色食品博览会，推动

"三品一标"农产品在绿博会集中亮相、共同推介。办好区域性绿博会、推介会、产销对接活动，借助展会平台，扩大绿色安全优质农产品影响力。支持办好工行融e购等优质电商平台，帮助绿色食品生产企业拓展市场，鼓励支持绿色食品专柜、专营店建设，为绿色安全优质农产品搭建营销平台，促进"优质优价"市场机制的形成。

《农业部关于大力实施乡村振兴战略加快推进农业转型升级的意见》
（2018年2月，农业部1号文件）

文件提出，要实施品牌提升行动，将品牌打造与粮食生产功能区，重要农产品生产保护区，特色农产品优势区建设，绿色、有机等产品认证紧密结合，打造一批国家级农产品区域公用品牌、全国知名企业品牌、大宗农产品品牌和特色农产品品牌，保护地理标志农产品。

《农业部关于启动2018年农业质量年工作的通知》
（2018年2月）

文件要求，要落实农业质量年农业品牌提升行动，加强农业品牌培育，大力发展绿色有机农产品，登记保护150个农产品地理标志，遴选推介一批叫得响、过得硬、有影响力的农业品牌。要求开展绿色食品系列公益宣传活动，推进绿色食品进超市、进社区、进学校。

农业部等7个部委（局）联合下发《国家质量兴农战略规划（2018—2022年)》
（2018年2月）

文件将绿色食品、有机农产品和农产品地理标志列入了质量兴农的主要指标，要求年均增长6%。

《农业农村部关于加快推进品牌强农的意见》
（2018年7月）

文件提出，要加强绿色、有机和地理标志认证与管理，强化农业品牌原产地保护。

二、"三品一标"发展概况

2018 年，无公害农产品、绿色食品、有机农产品和农产品地理标志（简称"三品一标"）面临良好的发展环境和条件。乡村振兴战略全面启动，农业供给侧结构性改革深入推进，扶贫攻坚精准发力，城乡居民对绿色优质农产品消费需求快速增长。在农业农村部的领导下，在各级农业部门的积极推动下，整个工作系统紧紧围绕高质量发展的目标，扎实推进各项工作，"三品一标"继续保持了健康的发展态势。

（一）总量规模

各地因地制宜，发挥生态环境、自然资源和主导产业优势，积极组织各类新型农业经营主体参与"三品一标"标准化生产、产业化经营和品牌化营销，"三品一标"获证单位和产品持续稳定增长。截至 2018 年底，全国"三品一标"获证单位总数58 424 家，获证产品总数 121 827 个，分别比 2017 年增长 1.8%、0.3%。

2017—2018 年"三品一标"单位和产品发展情况（累计）

产品类别	统计指标	2017 年	2018 年	2017—2018 年增速
绿色食品	获证单位（家）	10 895	13 203	21.2%
	获证产品（个）	25 746	30 932	20.1%
有机农产品	获证单位（家）	1 059	1 114	5.2%
	获证产品（个）	4 006	4 310	7.6%
无公害农产品	获证单位（家）	43 212	41 584	−3.8%
	获证产品（个）	89 527	84 062	−6.1%
农产品地理标志	获证单位（家）	2 242	2 523	12.5%
	获证产品（个）	2 242	2 523	12.5%
总计	获证单位（家）	57 408	58 424	1.8%
	获证产品（个）	121 521	121 827	0.3%

（二）分品结构

在 2018 年的"三品一标"获证主体结构中，无公害农产品获证单位有 41 584 家，占 71.2%；绿色食品单位有 13 203 家，占 22.6%；有机农产品单位有 1 114 家，占

1.9%，农产品地理标志单位有 2 523 家，占 4.3%。在产品结构中，无公害农产品获证产品有 84 062 个，占 69.0%；绿色食品有 30 932 个，占 25.4%；有机农产品有 4 310 个，占 3.5%，农产品地理标志有 2 523 个，占 2.1%。

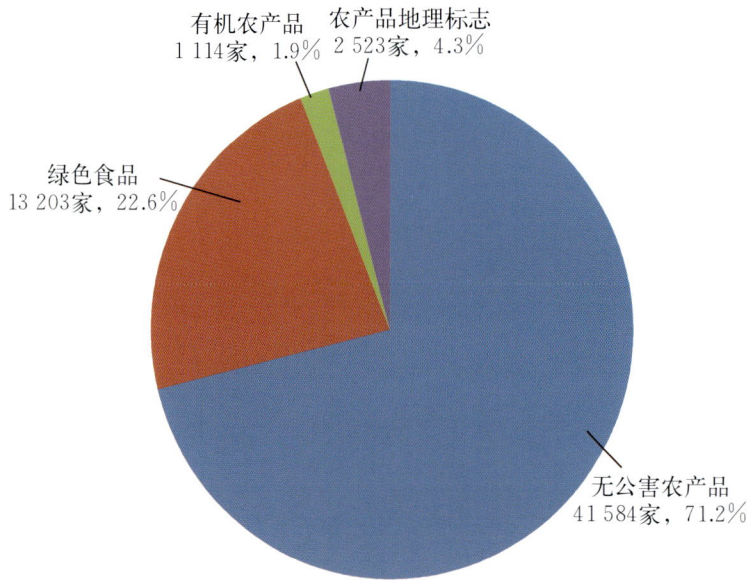

有机农产品
1 114家，1.9%

农产品地理标志
2 523家，4.3%

绿色食品
13 203家，22.6%

无公害农产品
41 584家，71.2%

2018 年"三品一标"获证单位结构

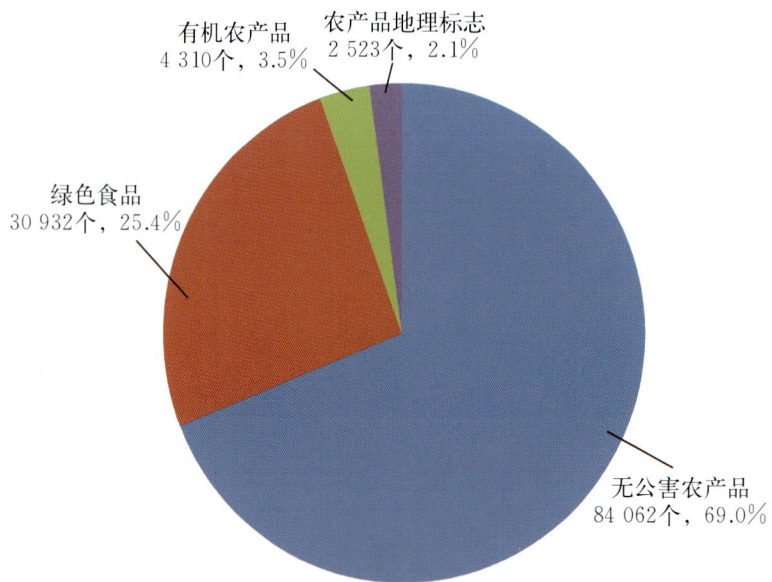

有机农产品
4 310个，3.5%

农产品地理标志
2 523个，2.1%

绿色食品
30 932个，25.4%

无公害农产品
84 062个，69.0%

2018 年"三品一标"获证产品结构

（三）基地建设

截至 2018 年底，全国共建成绿色食品原料标准化生产基地 680 个，涉及水稻、玉米、大豆、小麦等百余种地区优势农产品和特色产品，总面积超过 1.6 亿亩[*]，产量 1.1 亿吨，带动 2 100 多万农户。有机农业示范基地 30 个，涉及茶叶、水果、蔬菜、稻米、畜牧、水产品等产品。其中，种植面积 249 万亩，草场面积 2 506 万亩，水产养殖面积 60 万亩，总产量 20.9 万吨。

（四）品牌效应

"三品一标"已成为我国安全优质农产品主导品牌，品牌影响从生产向消费延伸，从产品向产业辐射，从国内向国外扩展。2018 年，绿色食品国内销售额达 4 557 亿元，出口额达 32.1 亿美元，分别比 2017 年增长 13.0%、26.1%。绿色食品产地环境监测的农田、果园、茶园、草原、林地、水域面积为 1.57 亿亩。

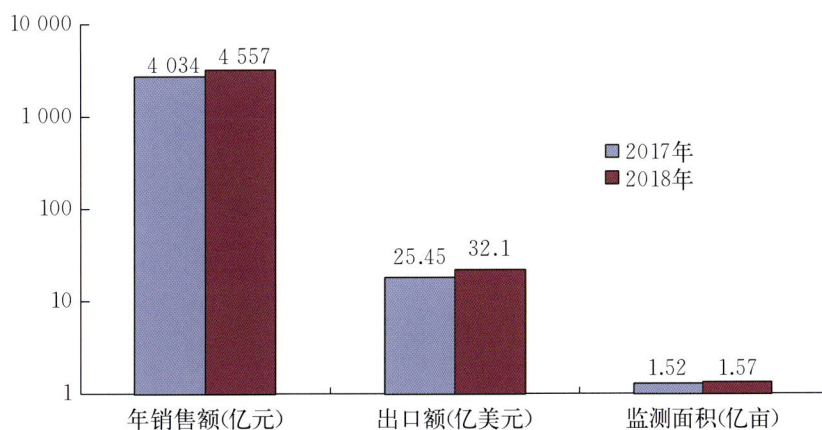

2017—2018 年绿色食品效益

（五）区域发展

从区域发展来看，"三品一标"大省向强省转变，小省向大省迈进，部分地区成为新的增长点，全国呈现出整体推进、协调发展的良好格局。

1. 东部地区 2018 年，北京、天津、河北、上海、江苏、浙江、福建、山东、广东、海南 10 个省份"三品一标"获证单位和产品总数分别为 26 665 家，产品 55 767 个，分别占全国总数的 45.6% 和 45.8%。

2. 中部地区 2018 年，山西、安徽、江西、河南、湖北、湖南 6 个中部地区省份

<small>* 亩为非法定计量单位，1 亩≈667 平方米。</small>

"三品一标"获证单位和产品总数分别为 12 292 家，产品 23 762 个，分别占全国总数的 21.0％和 19.5％。

3. 西部地区 2018 年，内蒙古、广西、重庆、四川、贵州、云南、西藏、陕西、甘肃、青海、宁夏、新疆12个西部地区省份"三品一标"获证单位和产品总数分别为 14 123 家，产品 27 748 个，分别占全国总数的 24.2％和 22.8％。

4. 东北地区 2018 年，辽宁、吉林、黑龙江3个东北地区省份"三品一标"获证单位和产品总数分别为 5 252 家，产品 14 211 个，分别占全国总数的 9.0％和 11.7％。

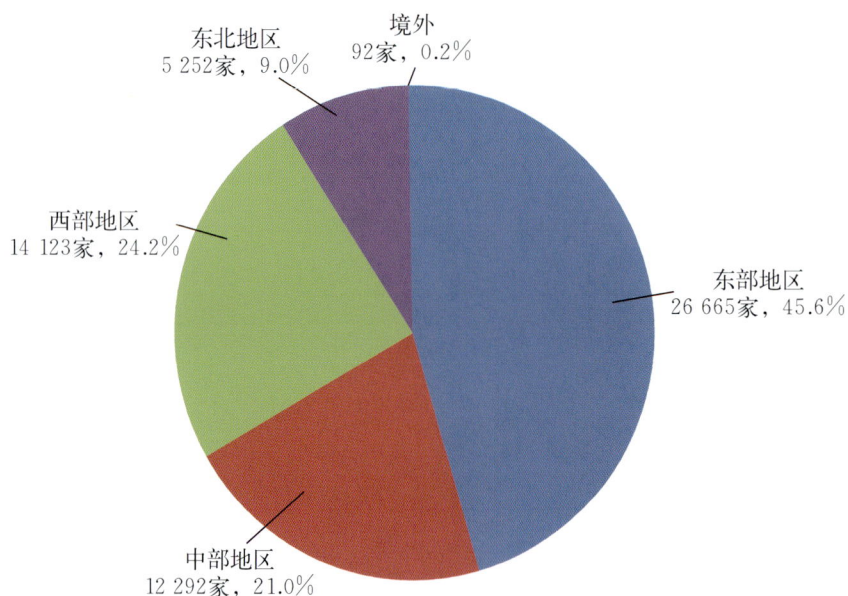

分区域"三品一标"获证单位

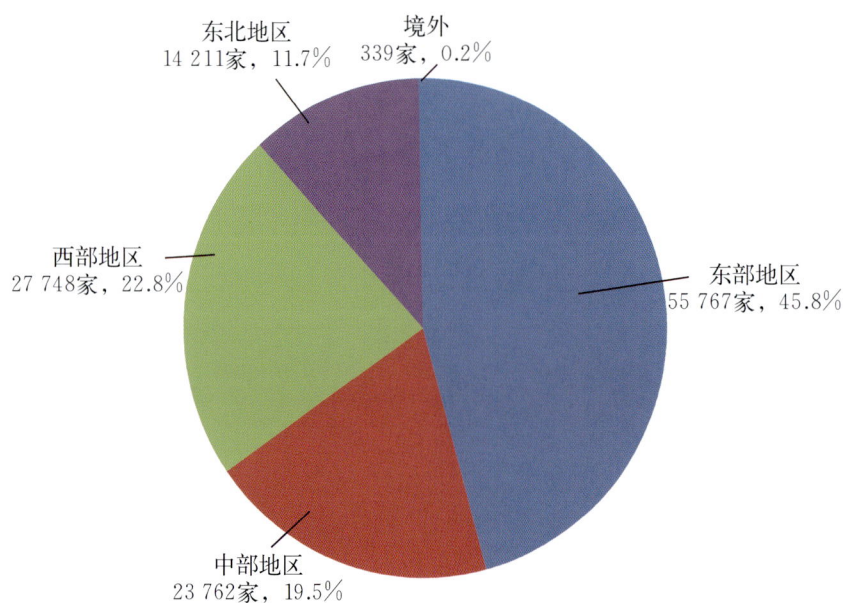

分区域"三品一标"获证产品

三、重大活动

（一）"春风万里 绿食有你"绿色食品宣传月活动

2018 年 4 月 2 日，由中国绿色食品发展中心主办的"春风万里 绿食有你"绿色食品宣传月启动仪式在北京市昌平区"第六届农业嘉年华"隆重举行。宣传月的主题是绿色生产、绿色消费、绿色发展。北京市 20 余家知名绿色食品企业代表与广大市民朋友参加本次启动仪式。时任农业农村部质量安全监管局局长广德福宣布绿色食品宣传月正式启动。自此，全绿色食品工作系统绿色食品宣传月系列活动正式拉开帷幕。

"春风万里 绿色有你"绿色食品宣传月启动仪式

（二）全国"三品一标"工作座谈会召开

2018 年 4 月 12 日，全国"三品一标"工作座谈会在北京召开。会议总结了 2017 年和过去 5 年的工作，分析形势，研究部署 2018 的工作。会议强调，当前我国农业农村经济发展已由增产导向转向高质量发展阶段，推进产业转型升级，提高农业发展质量效益竞争力，是新时代农业农村工作的主要任务。发展"三品一标"是贯彻落实习近平"三农"工作重要论述的体现，是满足人民群众美好生活新期待的必然选择，是推进质量兴农、绿色兴农、品牌强农的有效途径，是实施乡村振兴战略的有力抓手。要结合新时代、新形势、新要求，站在全局高度，充分认识发展"三品一标"的重要意义。

会议指出，"三品一标"率先实现高质量发展的目标是实现四个"高"，即产业水平高、产品质量高、产业效益高、品牌价值高。围绕这个目标任务，整个工作系统要在五个方面下工夫：在推动"三品一标"协同发展上，把握好"三品一标"各自的发展规律和发展重点，做到各有侧重，协同发展。在政策支持体系的构建上，要实现思想观念、政策导向和考核评价体系"三个转变"，牢固树立质量第一、效益优先的价值导向，政策的创设要从增加数量导向转向提升质量导向，加快构建高质量发展的评价指标。在技术保障体系的完善上，加强标准、审核、认证等方面工作，不断创新标准，制定相应的生产操作规程，强化认证产品风险评估，加强审核管理，简化认证程序，优化审核流程，牢固树立质量风险意识和底线意识，强化淘汰退出机制，注重信息化手段和实施质量追溯管理。在发展新动能的培育上，大力开展品牌宣传和市场体系建设，有力激活市场有效需求，依托"一带一路"建设，加强国际市场的开拓与交流合作，不断扩大"三品一标"在国际市场的影响力。在发挥"三品一标"体系队伍的作用上，巩固好已有的体系基础，继续加强整体运作，着力提升专业素养和服务水平，加强调查研究，加强与发改、财政、市场监管、科技等部门的沟通协调。

农业农村部党组成员宋建朝、总农艺师马爱国出席了会议并做重要讲话，中国绿色食品发展中心主任张华荣做了主题发言，福建、湖南、浙江、黑龙江、重庆、北京6地绿色食品工作单位在会上介绍了典型经验。各省级"三品一标"工作机构负责人、新闻媒体等100多人参加了座谈会。

全国"三品一标"工作座谈会

（三）农产品地理标志知识产权周宣传活动

2018 年 4 月 25 日，世界知识产权宣传周期间，中国绿色食品发展中心在北京举办了农产品地理标志知识产权宣传周活动。结合北京鸭农产品地理标志证书颁发仪式和授权签约活动，通过数字宣传板的形式宣传保护知识产权的重要意义，得到广泛好评，CCTV - 7 "聚焦三农" 栏目做了专题报道。

（四）华夏有机农业研究院成立

2018 年 5 月 8 日，中绿华夏有机食品认证中心和中国农业科学院农业质量标准与检测技术研究所召开启动会，正式成立华夏有机农业研究院。中国绿色食品发展中心主任张华荣和农业农村部农产品质量安全中心主任金发忠共同为研究院揭牌。研究院旨在依托农业系统专家队伍，开展有机农产品基础理论、宏观战略、专业技术、标准制定和品牌营销咨询服务等工作，全面推动中国有机农业在政策、技术、市场、管理及国际合作等方面的深入研究，更好地为政府、企业和社会各界提供专业技术服务，推进有机农业持续健康发展。

（五）农产品地理标志专展

2018 年 11 月 1～5 日，中国绿色食品发展中心在第十六届中国国际农产品交易会期间成功举办农产品地理标志专展及第四届全国农产品地理标志品牌推介会。专展展团获得优秀组织奖和设计银奖，18 个参展地理标志农产品获得第十六届中国国际农产品交易会参展农产品金奖。

（六）第十九届中国绿色食品博览会和第十二届中国国际有机食品博览会

2018 年 12 月 7～9 日，第十九届中国绿色食品博览会暨第十二届中国国际有机食品博览会在厦门国际会展中心举办，共有来自全国的 37 个展团参展。

博览会期间，举办了 2018 中国绿色食品发展高峰论坛暨第十三届有机食品市场与发展国际研讨会，本届论坛以 "绿色发展　品牌强农　乡村振兴" 为主题，业内各方代表400余人参加了论坛，农业农村部总农艺师马爱国、中国工程院院士张福锁、农业农村部农产品质量安全监管司司长肖放等16位领导、专家、国际代表到会发表演讲。

2018中国绿色食品发展高峰论坛暨第十三届有机食品市场与发展国际研讨会

（七）中国绿色食品发展研究院成立

2018年12月7日，在第十九届中国绿色食品博览会期间，中国绿色食品发展研究院成立揭牌仪式也隆重举行。农业农村部总农艺师马爱国、中国农业大学党委副书记秦世成共同为中国绿色食品发展研究院揭牌。

中国绿色食品发展研究院成立揭牌仪式

中国绿色食品发展研究院是中国绿色食品发展中心与中国农业大学农业绿色发展学院本着优势互补、共同发展的原则，联合搭建的一个产学研融合发展的创新平台。旨在开展农业绿色发展的新理论、新技术、新路径、新模式的探索和实践，强化绿色食品产业发展的战略支撑、理论支撑、技术支撑和人才支撑，推进绿色食品产业高质量发展，助力农业绿色发展和乡村振兴战略的实施。中国绿色食品发展研究院首任院长由中国工程院院士、中国农业大学教授张福锁担任。

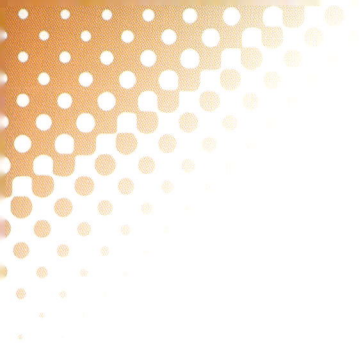

2018

绿色食品发展报告

第二篇

绿色食品

安徽省金寨县绿色食品原料标准化基地

2018 绿色食品发展报告

第二篇 绿色食品

一、产品发展

（一）制度建设

1. 构建三级审查机制，落实分段审查责任 2018年4月，为充分发挥各级绿色食品工作机构的职能作用，进一步提高标志许可审查工作质量和效率，中国绿色食品发展中心根据《绿色食品标志管理办法》《绿色食品标志许可审查程序》，向各地印发了《关于进一步明确绿色食品地方工作机构许可审查职责的通知》，科学界定了部-省-地市县三级工作机构审查职能，明确了省-地市县工作条件和审查职责，同时提出了受理审查、现场检查、初审等各环节的审查要点和具体要求，为全国各地开展分级审查工作提供了应遵循的基本条件、工作标准和工作重点。

截至2018年12月，已有黑龙江、江苏、安徽、河南、上海、云南、四川、重庆、湖南、湖北、河北、内蒙古、陕西、宁夏、新疆15个省级绿色食品工作机构正式实施分级审查机制，制定并发布本地区审查工作实施细则。

2. 提高准入门槛，防范申报主体风险 为适应绿色食品高质量发展要求，2018年，中国绿色食品发展中心从申请人条件入手，提高门槛，防范风险。针对小规模申报主体小、散、乱，生产不稳定的风险和申请人将部分生产环节委托他人完成的风险，发布《关于进一步严格绿色食品申请人条件审查的通知》，对绿色食品申请人生产规模（种植和养殖规模）和委托生产条件（委托种植和委托加工）予以明确限定，确保申报主体基地稳定，全程可控。

3. 细化申诉处理流程，规范申诉处理工作 为规范绿色食品标志许可审查申诉处理工作，保证申诉处理工作的科学性和公正性，中国绿色食品发展中心制定了《绿色食品标志许可审查申诉处理工作细则》，进一步细化申诉处理工作流程，明确工作原则和申诉条件，为科学规范开展申诉处理工作提供依据，为绿色食品申报企业畅通申诉途径。

（二）审核检查

1. 现场检查 2018年，中国绿色食品发展中心组织检查员对液态奶和茶业等20余家企业进行了现场核查，对高风险生产区域、组织模式及行业产品可能形成的隐患进一步核实和评估，有效防范质量安全风险。

2. 现场检查技能培训 2018 年 5 月和 7 月，中国绿色食品发展中心分别在江西和贵州成功举办了全国绿色食品检查员现场检查技能提高培训班。通过针对性强化专业知识、现场教学实践、检查员典型经验交流和专题讨论等，有效提升了检查员，尤其是地市级检查员的专业素养及现场检查能力，培训取得了良好效果。

3. 续展核查 2018 年，中国绿色食品发展中心完成了对海南、内蒙古、江西、安徽、山西、四川 6 个省级工作机构续展核查和年检督导工作，对各省核查与督导结果进行了总结通报，确保续展改革放权工作接得住、管得好。

（三）专家评审

2018 年，中国绿色食品发展中心共组织召开了 14 期绿色食品专家评审会。累计邀请专家 175 人次，共有 4 387 家企业的 8 775 个产品通过专家审核，比 2017 年分别增加 71.2％和 58.9％。通过专家评审，有效保证了绿色食品审查工作的科学性、公正性，防范了质量安全风险。

（四）获证企业与产品

2018 年，获得绿色食品标志使用权的企业有 5 969 家，同比增长 35.0％，产品有 13 316 个，同比增长 31.9％。全国有效用标企业总数 13 203 家，产品总数 30 932 个，同比分别增长 21.2％和 20.1％。

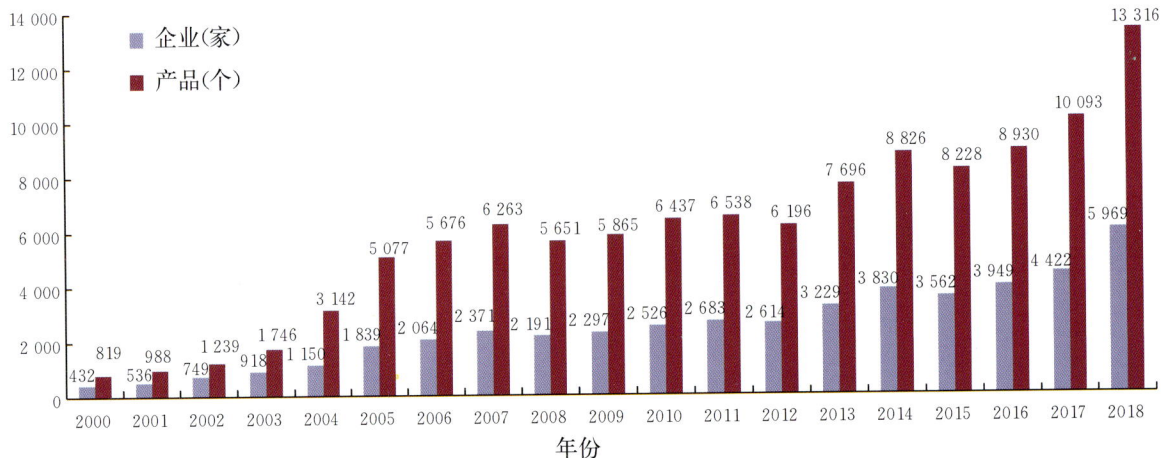

2000—2018 年当年获得绿色食品标志使用权企业数与产品数

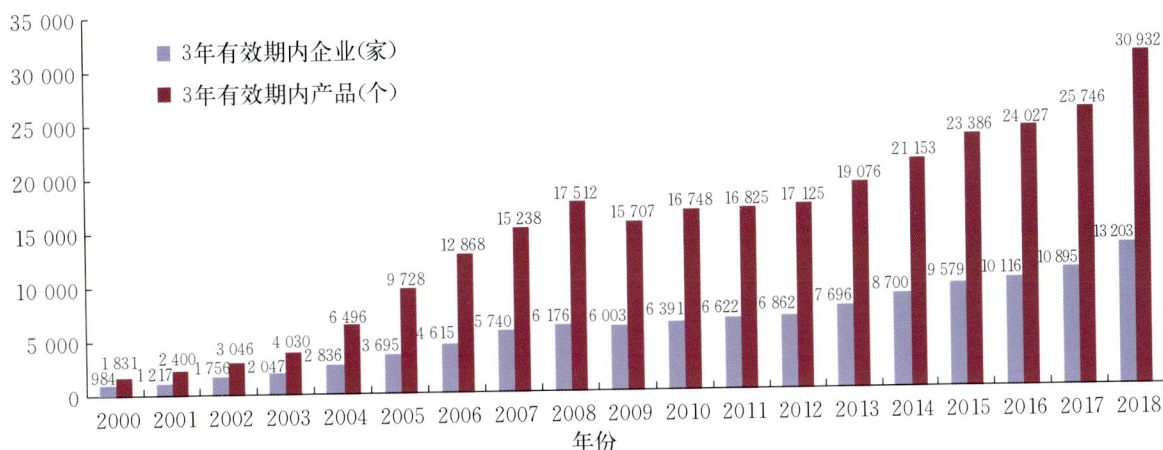

2000—2018 年有效使用绿色食品标志企业数与产品数

（五）获证产品结构

1. 产品类别 2018 年，在获证产品中，农林及加工产品有 23 986 个，占 77.5%；畜禽产品有 1 698 个，占 5.5%；水产产品有 663 个，占 2.2%；饮品产品有 2 684 个，占 8.7%；其他产品有 1 901 个，占 6.1%。

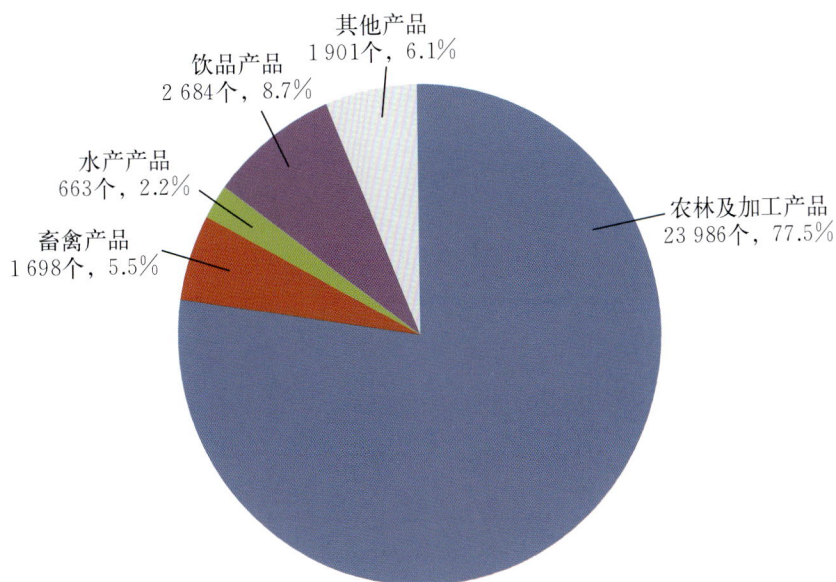

2018 年绿色食品产品类别

2. 产品结构 2018 年，绿色食品初级产品有 18 345 个，占 59.3%；加工产品有 12 587 个，占 40.7%。加工产品中，初加工产品有 9 982 个，占产品总数的 32.3%；深加工产品有 2 605 个，占产品总数的 8.4%。

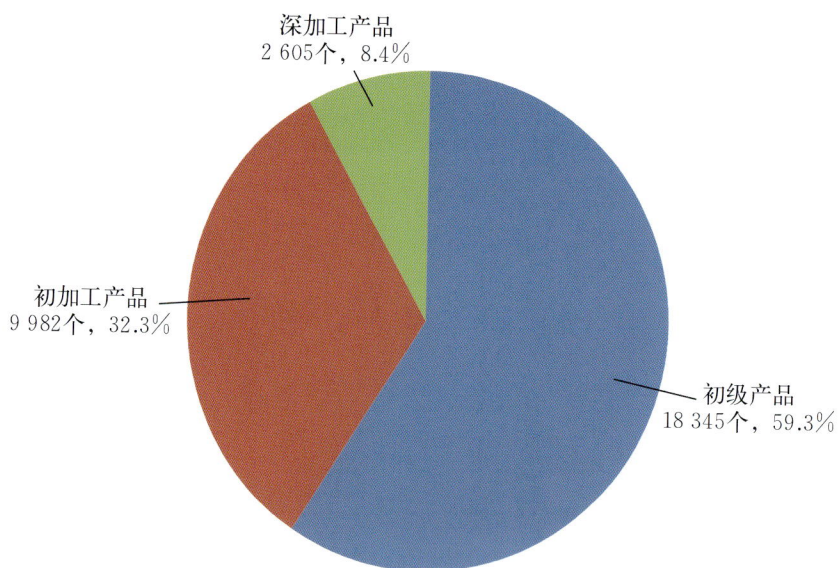

2018 年绿色食品产品结构

3. 获证主体结构 2018 年，在有效获证主体中，企业 8 682 家、产品 22 346 个，农民专业合作社 3 950 家、产品 7 601 个；家庭农场 554 家、产品 910 个；其他（军队）17 家、产品 75 个。

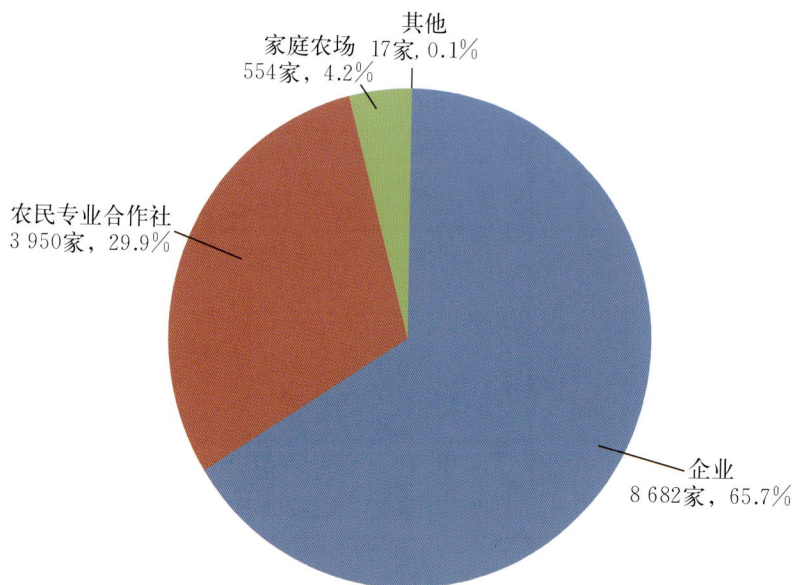

2018 年绿色食品获证主体结构

（六）区域发展情况

2018 年，在有效用标企业总数和产品总数中，我国东部地区有效用标企业 5 054

家，产品 10 830 个，分别占 38.2％和 35.0％；中部地区有效用标企业 3 167 家，产品 7 682 个，分别占 24.0％和 24.8％；西部地区有效用标企业 3 134 家，产品 7 662 个，分别占 23.7％和 24.8％；东北地区有效用标企业 1 842 家，产品 4 724 个，分别占 14.0％和 15.3％；境外有效用标企业 6 家，产品 34 个，均占 0.1％。

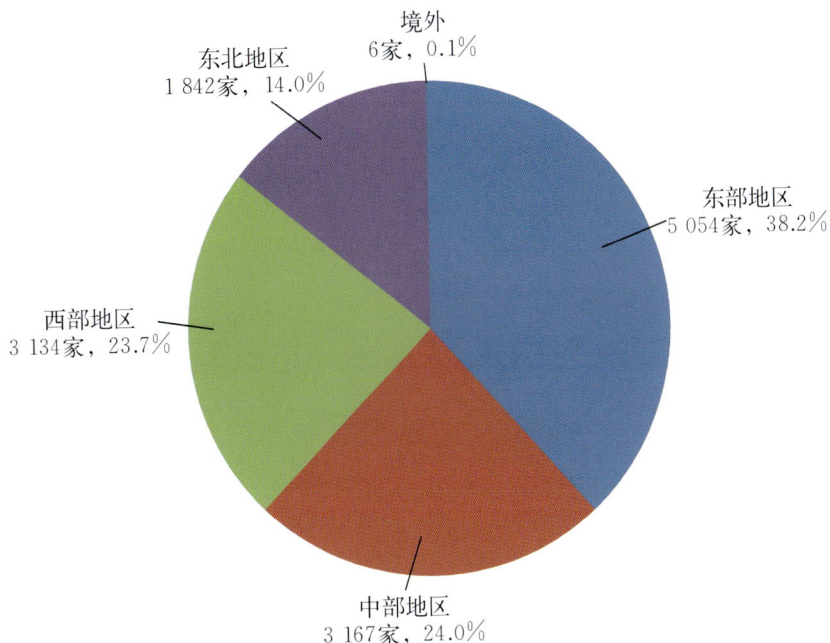

境外
6 家，0.1％

东北地区
1 842 家，14.0％

东部地区
5 054 家，38.2％

西部地区
3 134 家，23.7％

中部地区
3 167 家，24.0％

2018 年各区域有效用标企业结构

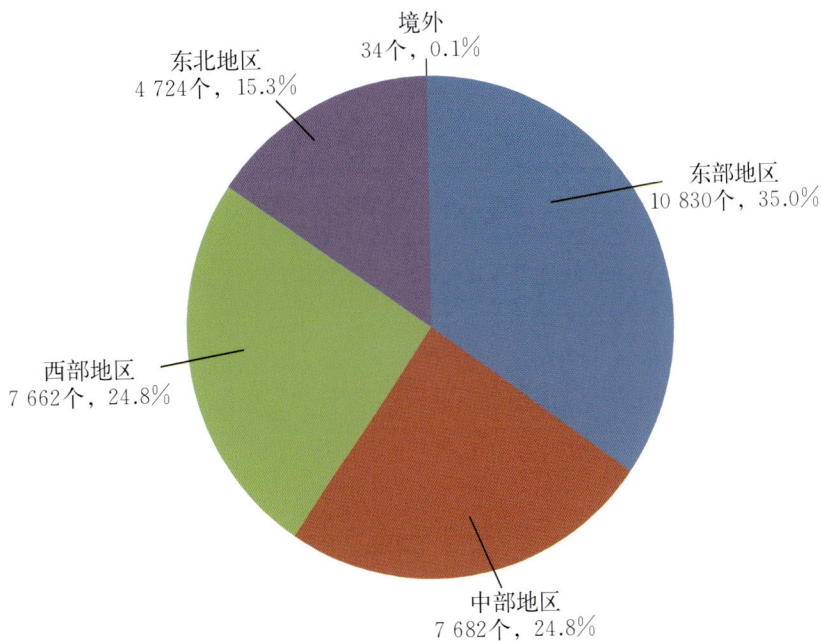

境外
34 个，0.1％

东北地区
4 724 个，15.3％

东部地区
10 830 个，35.0％

西部地区
7 662 个，24.8％

中部地区
7 682 个，24.8％

2018 年各区域有效用标绿色食品产品结构

（七）龙头企业发展情况

在 2018 年有效获证主体中，龙头企业 5 298 家、产品 14 845 个。其中，国家级龙头企业 336 家、产品 1 282 个；省级龙头企业 1 871 家、产品 5 740 个；地市县级龙头企业 3 091 家、产品 7 823 个。

绿色食品各级龙头企业发展情况

项目	国家级龙头企业		省级龙头企业		地市县级龙头企业	
	企业数（家）	产品数（个）	企业数（家）	产品数（个）	企业数（家）	产品数（个）
数量	336	1 282	1 871	5 740	3 091	7 823
比重（%）	2.5	4.1	14.2	18.6	23.4	25.3

注：比重是指各级龙头企业、产品数占绿色食品企业、产品总数的比重。

地方典型 1

祖名公司借助绿色食品荣誉获得良好经济效益

祖名豆制品股份有限公司（以下简称"祖名公司"）位于浙江省杭州市滨江区，是集研发、生产、销售于一体的全国大型豆制品生产企业，目前拥有安吉祖名豆制食品有限公司、扬州祖名豆制食品有限公司和上海祖名豆制品有限公司 3 家全资子公司。公司总占地 235 亩，拥有标准厂房面积 18 万平方米，年加工大豆能力达 10 万吨。

祖名公司一直坚持"做健康食品，关注人类健康"的发展宗旨，通过强化管理、狠抓质量和自主创新，从 1994 年创立，经过 20 多年的不断努力，已经从一个小型豆制品加工厂发展成为浙江省农业龙头企业、浙江省科技农业龙头企业、全国农产品加工示范企业和农业产业化国家重点龙头企业，还荣获"浙江省名牌产品""浙江省著名商标""中国驰名商标"等荣誉称号。另外，祖名公司还是豆制品国家标准和国际标准的主要起草单位之一。

2016 年 2 月，祖名公司正式被批准在"新三板"挂牌，成为豆制品行业为数不多的上市企业之一。2016 年 9 月，祖名公司更是作为"G20 杭州峰会豆制品食材总仓供应企业"，向世界展示中华豆制品的风采。

在使用绿色食品标志后对企业产生了巨大的经济效益。拥有绿色食品标志是公司豆制品进入国内大型超市、农贸市场等大型营销网点的通行证。目前，公司已在国内各大中城市的大型超市、专营店建立了专门营销合作网点。消费者对健康意识的不断提升，大部分消费者肯花高价购买绿色食品，作为拥有绿色食品标志的企业，公司的认知度和影响力迅速得到了提升。公司业绩数据反映：企业在使用绿色食品标志后销售额和利润均实现快速增长。

拥有绿色食品标志，必须经过各相关部门的严格监督，对食品质量有很高的要求。自使用绿色食品标志后，公司内部加强质量管理，上级管理部门对公司绿色食品的抽检合格率均为100％，极大地减少了消费者的投诉赔偿所带来的损失，提升了公司的品牌影响力，并带来了巨大的经济效益。

安吉祖名豆制食品有限公司

地方典型2

龙头企业建基地搞加工创品牌　提质增效真扶贫

四川五丰黎红食品有限公司位于中国花椒之乡——汉源，是国家林业重点龙头企业、全国绿色食品示范企业、全国AAA级信用企业、四川省卓越绩效模式先进企业。公司以产业扶贫为着力点和切入点，找准了扶贫村产业发展的关键点，以高品质绿色食品花椒基地建设推进产业转型升级，切实推动精准扶贫工作的开展。公司通过"教农学技、引农入社、带农入市"，既提升了企业花椒原料品质，又保证了农民增收。直接、间接带动农户4 100户，户均收入5 000元，人均增收近千元。

公司采取"公司＋合作社＋基地＋农户连市场"的产业模式，重质量、铸品牌、守承诺、保信誉，提升核心竞争实力，通过绿色花椒基地的示范引领，以基地建设带动产业发展，激发当地农民种植花椒的积极性。2018年，公司实现营业收入近5亿元，上缴税金2 000多万元，五丰黎红牌花椒油系列产品已遍布全国31个省（自治区、直辖市），并走出了国门，远销13个国家和地区，实现了企业增效、财政增税、农民增收的多赢可持续目标。

（八）贫困地区发展情况

2018年，绿色食品工作系统认真贯彻落实中央关于脱贫攻坚及援疆援藏的战略决策和农业农村部关于产业扶贫工作的统一部署，立足本地本部门工作职能，加大产业帮扶力度，以加快推进贫困地区创建绿色有机基地、发展绿色优质农产品为主要抓手，通过强化"六项措施"，搭建"六个平台"，促进贫困地区农业农村经济高质量发展，取得明显成效。

1. 强化政治责任，搭建合力扶持平台　产业精准扶贫是"三品一标"工作的重要政治任务，中国绿色食品发展中心制订工作方案，明确职责分工，形成"齐抓共管，共同推进"的工作格局。为充分发挥工作系统的整体扶贫优势，2018年研究起草了《关于加强"三品一标"品牌扶贫工作的意见》，明确了扶贫工作区域重点、扶贫政策及推进措施，合力推进"三品一标"品牌精准扶贫。

2. 强化政策扶持，搭建产品开发平台　在保证质量的前提下，中国绿色食品发展中心对贫困地区申报产品，实行"优先受理、优先现场检查、优先检测、优先审核、优先颁证"的"五优先""快车道"政策。制订了《关于支持南疆四地州深度贫困地区农业产业扶贫的方案》等16份有关扶贫的工作方案及推进措施，加强了对贫困地区收费减免力度，有力地促进了各地品牌扶贫。2018 年，累计支持国家级贫困县及新疆、西藏等地区的 1 069 个企业发展了 2 559 个绿色食品产品，累计减免费用 741.6 万元。

3. 强化培训指导，搭建智力扶贫平台　中国绿色食品发展中心分别为湖北恩施州、湖南湘西州、新疆南疆四地州、西藏、河北张北县举办了 6 期"三品一标"扶贫培训班，帮助贫困地区培训检查员、监管员及内检员共计 570 人。

二、基地建设

（一）原料标准化生产基地

2018 年，基地建设工作以产销对接为基本，逐步从数量扩展向高质量发展转变。截至 2018 年 12 月底，全国共建成绿色食品原料标准化生产基地 680 个，涉及水稻、玉米、大豆、小麦等百余种地区优势农产品和特色产品，共带动 3 900 多万农户发展。

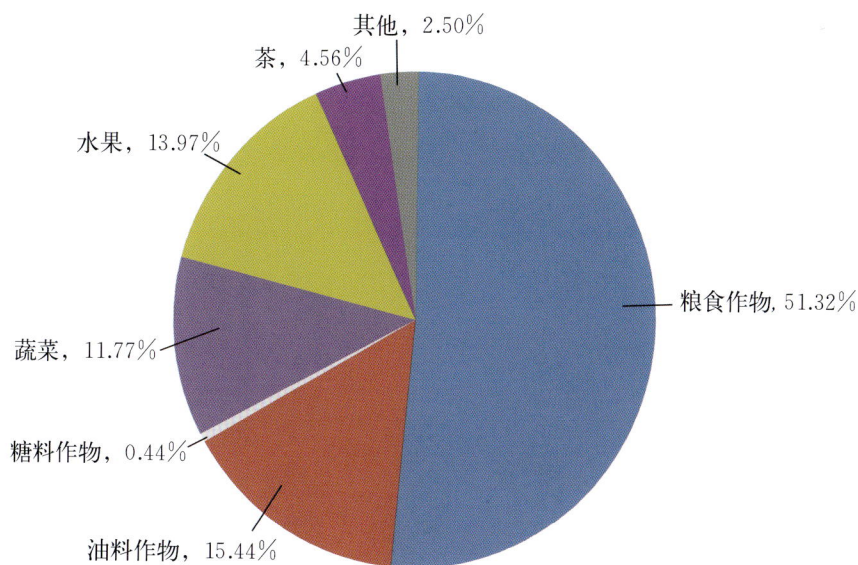

其他，2.50%
茶，4.56%
水果，13.97%
粮食作物，51.32%
蔬菜，11.77%
糖料作物，0.44%
油料作物，15.44%

全国绿色食品原料标准化生产基地主要作物结构

1. 强化产销对接，推动基地良性发展　紧紧抓住基地原料供应产销对接要求，严格规范基地创建、验收和续报各环节工作，成熟一个发展一个；重点发展"三区三园"和贫困县的绿色食品原料基地。重庆市、贵州省和西藏自治区实现了绿色食品原料标准化生产基地"零"的突破。目前，基地产销对接率稳步提升，基地保持健康稳步发展。

2. 强化支撑作用，实现两促进两发展　通过强化基地产销对接，在稳固大型加工企业绿色食品原料支撑的同时，也有效推动了基地对接企业，尤其是龙头企业发展绿色食品，实现了促进绿色食品产品和基地同步发展的目标。

> **地方典型**
>
> ### 基地建设有效推动企业发展
>
> 上海市崇明区通过创建绿色食品（水稻）原料标准化生产基地，绿色食品稻米企业和产量从2017年的28家18 466吨，攀升到2018年的42家（其中龙头企业9家）56 325吨，企业增加50%，产量增加200%以上。江苏省昆山市创建绿色食品（水稻、小麦）原料标准化生产基地与省级龙头企业益海嘉里（昆山）食品工业有限公司和本地龙头企业昆山金谷米业有限公司对接，原料水稻和小麦加工成为绿色食品大米和小麦粉。新疆维吾尔自治区沙雅县创建的绿色食品（小麦）原料标准化生产基地成功带动新疆自治区重点龙头企业——阿克苏地区盛疆制粉有限公司将7万吨基地原料加工的产品发展为绿色食品。基地建设有效推动了大型绿色食品企业的发展。

3. 全面加强监管，落实属地责任　强化基地自查、绿色食品办公室年检和中国绿色食品发展中心督查的三级基地监督检查管理制度。创新基地监管工作方法，积极推行基地约谈交流制度。落实基地创建责任书和基地建设责任书签署工作，主动提高基地建设主体责任意识，有效推动基地管理责任落实。

> **地方典型**
>
> ### 安徽省金寨县严把基地质量关
>
> 安徽省金寨县人民政府与乡镇、村、户逐级签订创建全国绿色食品基地管理目标责任书，并结合有机肥替代化肥、生物农药替代化学农药实施行动，在全县域内

禁止销售、使用化学除草剂，从根源消除隐患。县政府还制定出台举报奖励办法，安排财政资金100万元，奖励举报违规行为。

安徽省金寨县绿色食品原料标准化基地

4. 加强基地管理培训，促进标准落地生根 为进一步加强绿色食品原料标准化生产基地的建设与管理，2018年，中国绿色食品发展中心在安徽省合肥市举办了业务培训班，来自全国30个省级绿色食品工作机构和116个基地县的业务骨干参加了培训。贵州、湖北等6个省级绿色食品办公室也在所辖区域内组织了基地业务培训班。

（二）一二三产业融合发展示范园

2018年，中国绿色食品发展中心以"发挥优势、突出特色、拓展功能"为宗旨，建成了以浙江松阳县大木山茶园、福建漳平台品樱花园、四川蒙顶皇茶园等为代表的7个全国绿色食品产业融合发展示范园。示范园区按照绿色食品发展理念，设立绿色食品宣传专栏、农耕文化展示、农业科普知识宣传展示等区域，以发挥绿色食品特色、延长绿色食品产业链条、拓展功能等工作为重点，践行中国绿色食品发展中心提出的4个转变，成为3个效益的集中体现、绿色发展的示范典型、农业产业转型升级的引领，助力乡村振兴战略实施。截至 2018 年底，全国共建成 9 个绿色食品一二三产业融合发展示范园，园区涵盖蔬菜、水果、茶叶、菌类的种植、加工及相关旅游等多种产业，上一年度三产总值合计 19.37 亿元，年接待游客 179 万人次。

浙江省云和县绿色食品基地

地方典型 1

昆山市以绿色食品原料基地建设推动农产品提质增效

创建绿色食品原料（稻麦）标准化生产基地，是江苏省昆山市农业标准化建设的突出亮点。昆山市围绕组织管理、基础设施、生产管理、农业投入品管理、科技支撑、技术服务、产业化经营七大体系建设积极开展各项工作，逐步形成"政府积极推进、部门深入指导、企业示范带动、农户全体参与"的良好局面。

昆山市先后下发文件对土地流转和规模经营提出要求。全市稻麦规模经营面积从 2008 年的 4 万亩增长到 2018 年的 10 万亩，为创建全国绿色食品原料（稻麦）标准化生产基地提供了有力保障。

昆山市创新推行"一张方子、一个漏斗"的模式。昆山市农业委员会统一开展病虫草害监测，统一"开方子"，指导实施防治。

昆山市财政补贴由昆山市农业生产资料有限公司负责组织实施，将全市范围内因农业生产、绿化养护等产生的农药废弃包装物（包括农药直接接触的袋、瓶、桶、罐）进行统一回收、集中、分类，并进行无害化处理，有效降低农业面源污染，保护农业生态环境。

昆山市率先出台新型职业农民认定管理办法，设立职业农民培育指导站，引导成立新型职业农民协会。围绕创建全国绿色食品原料标准化生产基地工作，增加绿色食品理念、技术、标准等内容的培训。

昆山市积极推进科技入户，解决农业技术推广"最后一公里"问题。结合创建全国绿色食品标准化原料生产基地工作，在全市范围内全面开展耕地轮作休耕。

此外，昆山市在基地生产装备、品牌营销和产品销售方面也给予高度重视，采取了很多卓有成效的措施。

地方典型2

土默特右旗以绿色食品原料基地为基础，构建绿色食品产业链条

内蒙古自治区土默特右旗通过国家级龙头企业在市场端的拉动和政府财政的专项投入，保障基地成为绿色食品生产加工企业质量稳定的原料来源。通过与国家级龙头企业包头市北辰饲料科技有限责任公司及包头市欣和农业开发有限责任公司的对接，补齐区域性绿色食品产品结构调整短板。对接企业采取保护价收购原料玉米，通过市场端的拉动作用，提高基地农户的生产积极性，通过促进基地产品的消化速率，实现当地农户增收水平进一步提升，在这个过程中实行公司合同采购和农户产地证明制度相结合，有效使企业与农户双方的利益均得到保障。旗政府调拨专项资金，对市场收购价格低于基地原料合同保护性收购价格的部分予以补贴，着力起到保证基地原料价格的"杠杆"和"压舱石"的作用。

地方典型 3

浙江安吉龙王山茶园保品质创效益

安吉龙王山茶叶开发有限公司是浙江省湖州市重点农业龙头企业，是一家集茶叶种植、加工、研发、销售及茶文化交流推广于一体的科技型茶叶企业。1993 年创建，目前在核心区自有茶园 1 100 亩，是安吉白茶标准化示范园区、安吉白茶高效生态项目示范茶场。

浙江省安吉龙王山茶叶开发有限公司

公司以"品质高于一切"为第一原则，严格按照绿色食品标准要求组织生产，坚持以生态防控为主，以有机肥替代化肥，配备专业技术人员对生产过程全程管控，企业内部定期进行质量风险排查，确保绿色食品产品质量。公司于 2013 年获得绿色食品标志使用权，收获了巨大的品牌效益、经济效益和社会效益，连续获得浙江省著名商标、浙江省农业企业科技研发中心、浙江省级标准化名茶厂等殊荣。

三、证后监管

（一）企业年检

2018 年，中国绿色食品发展中心组织专家对海南省、内蒙古自治区、山西省、四川省、江西省和安徽省 6 个省级绿色食品工作机构进行年检督导检查工作。专家组采取机构检查、企业走访及座谈会等方式对相关省级工作机构企业年检工作开展情况进行监督检查，督促相关绿色食品办公室对提出的问题进行整改部署。根据各省企业年检结果，中国绿色食品发展中心处理了一批年检不合格企业，取消了 4 家企业 7 个产品的绿色食品标志使用权。据不完全统计，全国 31 个省级工作机构对 5 825 家企业实施了年检现场检查。

（二）产品抽检

2018 年，中国绿色食品发展中心和地方绿色食品办公室共抽检绿色食品产品 6 403 个，抽检产品数占 2017 年末产品总数的 24.86%。检出不合格产品 42 个，抽检合格率 99.34%（较 2016 年抽检合格率提高了 0.34%）。其中，中国绿色食品发展中心共抽检绿色食品产品 2 275 个，检出不合格产品 26 个；全国共有 24 个地方绿色食品办公室安排了绿色食品产品抽检，共抽检 4 128 个产品，检出不合格产品 16 个。截至 2018 年 12 月 10 日，因抽检不合格取消标志产品 24 个（含地方监管部门监督抽查检出绿色食品产品 1 个），整改及正在处理当中的标志产品 19 个。

从产品类别看，2018 年除糖料作物、其他肉类、碳酸饮料 3 小类没有被抽到样品，其他 54 小类的产品都有被抽检，被抽检产品类别覆盖率为 94.74%，比 2017 年覆盖率增加了 3.51%。鲜果、蔬菜、大米、精制茶、水产品、调味品、小麦粉、其他食用农产品 8 类产品占绿色食品产品总数的 71.63%，这 8 类产品被抽检数占抽检产品总数的 71.52%。从类别覆盖率、主要产品抽检率看，抽检具有普遍性和代表性，得出的结论能够反映绿色食品证后监管成果。

（三）市场监察

2018 年，全国共检查了近 48 个城市或地区的 151 个各类市场。固定市场实际抽样 73 个，流动市场实际抽样 78 个。市场监察被抽样的绿色食品企业 593 个，占有效用标绿色食品企业总数的 5.44％；共抽取 1 531 个标称绿色食品的不同样品，占绿色食品企业有效用标产品总数的 5.95％。其中，规范用标产品总数 1 394 个，占样品总数的 91.05％；不规范用标产品总数 124 个，占样品总数的 8.10％；假冒产品总数 13 个，占样品总数的 0.85％。

（四）安全预警

2018 年的质量安全风险预警项目为"农民专业合作社产品跟踪监测"。农业农村部食品质量监督检验测试中心（成都）等 5 个监测机构对农民专业合作社数量较多的辽宁、吉林、黑龙江、上海、江苏、浙江、安徽、山东、湖南、四川、重庆 11 个省（直辖市）实施了风险预警监测。同时安排了对监测农民专业合作社的生产经营、落实标准、用标等情况进行了调查。

（五）公告通告

2018 年，通过《农民日报》《中国食品报》共发布 50 期产品公告，其中《农民日报》12 期、《中国食品报》38 期。通中国绿色食品发展中心网站发布 89 期获证产品公告。累计公告获证企业 6 117 家，产品 12 750 个；公告撤销标志使用权的企业 32 家、产品 34 个。

2018 年，根据监督检查结果，共撤销 31 个产品标志使用权。其中，根据企业年检结果核准撤销 7 个产品的标志使用权，根据抽检结果撤销 24 个产品的标志使用权。

地方典型 1

河北省明确职责进一步强化证后监管工作

河北省认真贯彻执行《河北省绿色食品企业年检工作实施办法》，坚持以企业年检、产品抽检和标志监察为抓手，明确各地市属地监管职责，增强全程管控能力。2018 年度，年检工作重点在严格控制风险、严把产品质量、强化退出机制上下工夫，继续推动工作的及时性、规范性和有效性，强化年检督导工作。2018年，共年检企业315家，撤销产品证书3张，注销产品证书3张，各市均按照年检计划完成了工作任务。河北省扎实推进产品抽检工作，全年共安排100个样品的产品监督抽检，样品基本涵盖了所有应季产品，抽检合格率为98％。对检测结果不合格的2个产品按照规定上报中国绿色食品发展中心，取消了绿色食品标志使用权。河北省市场监督成效明显。2018年，共监察了石家庄、张家口等地的8个市场，其中固定监察点2个、流动监察点6个，购买样品129批次（个），发现违规使用绿色食品标识产品1个，达到了规范企业用标、维护绿色食品品牌形象的要求。

地方典型2

江西省严格落实食品安全"四个最严"

2018年，江西省按照食品安全"四个最严"的要求全力做好绿色食品监管工作，进一步加强了绿色食品监管工作的力度。重点抓好地方工作机构的能力建设，全年通过各类方式培训绿色食品监管人员106人，同时不断健全考核机制以增强监管人员的责任感和使命感。年初制订年检计划并下发至各设区市工作机构，按计划要求开展年检工作。江西省绿色食品发展中心确定专人进行业务指导，取得了良好效果。同时不断强化监督抽检和市场监察工作，3月对市场上38家企业的97个产品的用标情况进行了监察，对发现的问题依规进行了处置。积极配合有关监测机构完成中国绿色食品发展中心抽检计划，并将绿色（有机）食品纳入江西省农产品质量安全例行抽检范围。2018年，江西省共筹措资金近80万元开展省内监督抽检，全年共抽检产品232个。

地方典型3

湖北省守红线拓上限　增强质量安全监管力度

一是立足标准，严把获证审查准入关。湖北省绿色食品办公室相继制定并实施了《湖北省"三品一标"认证审核实施办法》、无公害农产品专家评审会制度、绿色食品预审会审制度、不合格材料退回制度，不符要求坚决不报，不达标准坚决不批，守住质量安全第一道关口。

二是产管并举，加大获证产品抽查和督导巡查。2018年，湖北省绿色食品办公室首次将地理标志农产品纳入监督抽检范围，做到监督抽检全覆盖。加大"双随机一公开"监督检查力度，全省278家绿色食品企业纳入"双随机一公开"被抽查对象库，抽查18家企业，抽查结果及时在湖北省"双随机一公开"监管平台上公示。2018年，全省共抽检"三品一标"农产品270个，合格率达98.9%，全年未发生农产品质量安全事故。

四、技术支撑

（一）标准体系

2018年，绿色食品标准体系建设强化"创新引领"，在标准体系和理论研究上均取得新突破。

1. 绿色食品品质和功能营养指标研究工作　为进一步完善绿色食品标准指标体系建设，探索一套能凸显绿色食品优质、营养的产品标准指标体系，中国绿色食品发展中心依托中国农业科学院质量标准与检测技术研究所和湖南省农业科学院农产品加工研究所，启动了绿色食品苹果和食用植物油品质、功能营养指标研究，探索性提出了绿色食品苹果、菜籽油高品质指标，引领国内外有关品质指标研究，将对绿色食品高质量发展产生重要影响。

2. 标准制修订相关工作　中国绿色食品发展中心委托11家单位完成了《绿色食品　农药使用准则》等18项标准的修订报批工作。农业农村部第23号公告批准发布《绿色食品　饲料及饲料添加剂使用准则》等14项标准。截至2018年底，绿色食品有效标准共140项，其中准则类标准14项、产品标准126项。

3. 绿色食品生产操作规程编制相关工作　2018年，中国绿色食品发展中心组织10家省级绿色食品工作机构和3家科研单位编制了54项绿色食品生产操作规程。其中，蔬菜、水果、油料作物等种植业产品规程45项、茶叶和粮油产品等加工产品规程8项、牦牛养殖规程1项。同年，中国农业出版社出版发行了《绿色食品生产操作规程（一）》，该书汇总了2017年制定的首批50项规程，为相关地区绿色食品标准化生产提供规范指导和重要依据。

4. 相关课题研究工作 中国绿色食品发展中心分别委托天津市乳品食品监测中心、甘肃省分析测试中心、农业农村部农产品及转基因产品质量安全监督检验测试中心（杭州）和上海必诺检测技术服务有限公司，开展了绿色食品标准体系梳理研究、《绿色食品 食品添加剂使用准则》应用跟踪评价、绿色食品除草剂生产风险评估和大气质量对绿色食品产品质量影响的风险评估研究工作，取得了重要研究成果。

地方典型

安徽省严格遵循技术标准编制绿色食品生产操作规程

根据中国绿色食品发展中心绿色食品生产操作规程编制规划，2017年和2018年，安徽省共承担了9项规程的编制工作。主要做法如下：

一是明确责任分工。接到任务后，成立了以安徽省绿色食品办公室为主导，安徽农业大学、安徽省农业科学院为技术支撑，部分市县级绿色食品办公室及农技推广部门参与的规程起草工作组，编制工作方案，确定起草单位及主编人员，明确规程内容，突出绿色食品标准和区域特性。二是深入基层调研。组织技术专家深入生产实际，开展基层调研。召集参与规程编写的技术专家开展绿色食品标准深入研究，确保规程的科学性和适用性。三是广泛听取专家意见。规程初稿送相关绿色食品办公室广泛征求意见，确保各项生产技术规程符合绿色食品标准及区域生产实际。中期组织省内外相关产业、管理专家和规程编写人员对初稿进行专家评审，对生产操作规程进一步修改完善。四是落实推广应用。绿色食品生产操作规程经审定发布后，积极在全国绿色食品原料标准化生产基地和部分绿色食品生产企业推广应用，同时加强宣贯培训，切实指导绿色食品生产管理。

（二）绿色食品生产资料

2018 年，全国共受理绿色食品生产资料申请用标企业 48 家产品 158 个，同比分别增长 54.8％和 37.4％；其中，续报企业 30 家，占 62.5％；共审核通过绿色食品生产资料企业 58 家，产品 180 个。截至 2018 年底，绿色食品生产资料有效用证企业 153 家，有效用证产品 426 个，同比分别增长 15.9％和 28.3％。其中，肥料企业 84 家，占 54.9％，产品 184 个，占 43.2％；农药企业 18 家，占 11.8％，产品 65 个，占 15.3％；饲料及饲料添加剂企业 33 家，占 21.6％，产品 153 个，占 35.9％；食品添加剂企业 17 家，占 11.1％，产品 23 个，占 5.4％；兽药企业 1 家，占 0.7％，产品 1 个，占 0.2％。

2018 年全国绿色食品生产资料发展总体情况

产品类别	企业（家）	产品（个）
肥料	84	184
农药	18	65
饲料及饲料添加剂	33	153
兽药	1	1
食品添加剂	17	23
总计	153	426

1. 量质并举，稳中求进，确保获证产品质量 严把准入关，严守"主体、产品、标准"3 个关键点。从源头防控质量隐患，生产年限未到、运行不正常或管理不规范的主体坚决不予受理，产品存在较大风险隐患的坚决不接受申报，在现场检查等环节中发现不符合要求的坚决淘汰退回。中国绿色食品发展中心多次参与绿色食品生产资料申报现场检查，派员到 10 余家申请企业进行实地检查，对申报材料中发现的安全隐患产品进行现场抽样，多措并举确保获证产品质量。

2. 夯实理论，加强研究，开展专题征文和书籍出版 2018 年，中国绿色食品发展中心编写并出版了《绿色食品生产资料标志许可工作指南（2018 版）》和《绿色食品生产资料管理员工作规范》两本专业书籍，主要用于指导绿色食品生产资料管理员日常审核工作，并作为业务培训教材以及参展配套宣传资料使用。此外，还开展了"发展绿色食品生产资料品牌，助力乡村振兴战略"为主题的征文活动，各地绿色食品办公室工作人员和生产资料企业代表围绕绿色食品生产资料发展的方向与对策、品牌建设与诚信体系建设等多方面内容展开讨论，并集结优秀论文汇编成《绿色食品生产资料理论与实践》。

3. 转变观念，加强管理，实现证后监管常态化 开展了肥料类获证产品质量年度抽检工作，对 8 个省份 13 个企业的获证产品进行专项检测，重点是肥效、有效活菌数、重金属含量等关键指标。抽检结果全部合格，合格率达 100%。

为强化省级绿色食品办公室年检工作职能，推动绿色食品生产资料年度检查制度落到实处，由多名专家组成的督导组先后赴云南、黑龙江对绿色食品生产资料年检工作进行督查指导，就日常监管责任落实情况、获证企业风险隐患排查治理情况和监管机制建设情况等进行实地督导。

4. 强化品牌，培育市场，扩大绿色食品生产资料知名度 为宣传绿色食品生产资料整体形象，提高其在"三品一标"体系中的认知度，组织整理了专门的宣传文稿，在"中国绿色食品"微信平台发布，收到了较好的宣传效果。

在中国绿色食品博览会设立绿色食品生产资料专业展区，组织 37 家生产资料企业免费参展，企业数比 2017 年增加 61%；参展产品涉及食品添加剂、肥料、农药、饲料及饲料添加剂、兽药等多个品类；中国绿色食品协会荣获中国绿色食品博览会最佳组织奖，11 家生产资料企业荣获金奖，2 家企业荣获商务奖。

中国绿色食品博览会期间，举办了 2018 全国绿色食品生产资料产销对接会，各省绿色食品企业踊跃报名，对接会现场座无虚席，人气旺盛，绿色食品生产资料企业与绿色有机食品企业和基地进行直接沟通洽谈，达成多个合作意向。

（三）信息化建设

在农业农村部的大力支持下，中国绿色食品发展中心稳步推进信息化建设，持续支撑整个工作系统在线办理相关业务工作，处理关键信息，不断推动业务协同互动、数据共享利用，提高工作质量、效率和服务水平。

1. 构建业务系统相关功能

（1）绿色食品系统功能完善 中国绿色食品发展中心在提供业务系统技术支持服务、保障系统稳定安全运行的同时，对"绿色食品网上审核与管理系统"功能持续进行适当的改进、优化和完善，包括绿色食品审核，统计功能完善，检查员、内检员管理业务功能优化等。截至2018年底，已累计通过系统在线办理业务27 454件，用户总数达到35 943个。

（2）无公害农产品系统功能改造　为配合无公害农产品认证制度改革，中国绿色食品发展中心对无公害农产品系统进行了功能改造，统一定制了证书版式，增加了证书批量制作功能及相关统计模块，规范了省级工作机构制发无公害农产品证书流程，促进了中国绿色食品发展中心对全国无公害农产品认证工作的统筹管理。截至2018年底，通过系统新功能已累计审核无公害农产品12 795个，颁发证书7 557张。

（3）绿色食品原料标准化生产基地系统功能构建　为提高基地建设信息化管理水平，基于现有绿色食品业务系统，中国绿色食品发展中心于2018年10月启动了"绿色食品原料标准化生产基地系统功能构建项目"建设工作，以实现绿色食品原料标准化生产基地创建、验收、续报等业务的线上流转和信息化管理。

2. 完成业务信息资源整合共享工作　按照农业农村部的统一部署，2017年7月至2018年7月，中国绿色食品发展中心持续开展并顺利完成业务信息资源整合共享工作，"三品一标"业务系统正式纳入农业农村部政务综合业务系统九大板块之中（监督管理板块——农产品监管模块）。为配合"农产品监管模块"建设，中国绿色食品发展中心结合今后一个时期事业发展和业务工作，编制了《"三品一标"信息系统整合需求报告》，提出了信息化建设总体目标与基本思路，整体规划了系统架构及功能模块。

3. 部分地方信息化建设开展情况　近年来，部分地方绿色食品工作机构结合当地实际，积极探索开展信息化建设，利用信息化技术，创新工作手段，优化业务模式，提高了工作质量、效率和服务水平。福建省大力推进绿色食品审核管理平台建设，以实现绿色食品审核全程信息化为目标，基于电脑/手机/微信"三合一"终端应用，推动绿色食品审核流转全程无纸化、任务通知消息及时推送、检查核查高效便捷、人员培训常态化、咨询指导实景实地、管理督查方便科学。内蒙古搭建了绿色食品、无公害农产品企业内检员在线学习及考试系统，自2018年起，全区所有企业内检员均实行了网上培训，彻底改变了线下培训的模式，减轻了企业的人力物力成本，也节约了培训经费并减少了工作量。江苏省常州市主动探索信息化技术（如GIS、APP）在"三品一标"工作中的创新应用，构建了涵盖企业主体管理、专项监管、问题预警、数据统计分析、移动监管等相关业务功能的信息系统，提升了监管能力和水平。

4. 不断加强中国绿色食品网站建设 依据《农业部系统网站管理暂行办法》，中国绿色食品发展中心遵循"突出特色、高效便捷、增进服务、运行规范、保障安全"的原则，统筹"三品一标"工作，开展门户网站运行管理和内容发布工作。2018年，中国绿色食品发展中心网站访问量 2 847 259 次，访问者 1 517 683 人。按照国内省份浏览量统计，排在前四位的是北京、浙江、广东、香港，分别占 47.61%、13.60%、10.12% 和 7.12%，同时共有 49 个国家和地区对中国绿色食品发展中心网站进行了浏览。

中国绿色食品发展中心网址为 http://www.greenfood.agri.cn/。

中国绿色食品发展中心网站二维码

中国绿色食品发展中心网站首页

五、体系建设

（一）绿色食品工作机构

截至 2018 年，全国已建立省级绿色食品工作机构 36 个，地（市）级绿色食品工作机构 327 个，县（市）级绿色食品工作机构 2 373 个；全国县（市）及以上机构共有专职人员 3 048 人、兼职人员 3 628 人。

2018 年全国绿色食品工作机构与人员数量

机构及人员	单位	数量
省级机构	个	36
人员	人	487
专职人员	人	403
兼职人员	人	84
地（市）级机构	个	327
人员	人	1 307
专职机构	个	131
人员	人	659
专职人员	人	455
兼职人员	人	204
挂靠机构	个	196
人员	人	648
专职人员	人	198
兼职人员	人	450
县（市）级机构	个	2 373
人员	人	4 882
专职机构	个	544
人员	人	1 464
专职人员	人	1 042
兼职人员	人	422
挂靠机构	个	1 829
人员	人	3 418
专职人员	人	950
兼职人员	人	2 468

（二）绿色食品定点检测机构

2018 年，中国绿色食品发展中心始终坚持"严格标准，成熟一个委托一个"的原则，全年新增绿色食品定点检测机构 7 家。截至 2018 年底，全国共有绿色食品定点检测机构 97 家，其中产品检测机构 75 家，环境监测机构 70 家，"双料"机构48 家。

通过强化"放管结合"，定点检测体系队伍能力水平有了新提升。中国绿色食品发展中心制定并颁发了《无公害农产品、绿色食品、农产品地理标志定点检测机构管理办法》，将"二品一标"检测机构布局考核工作优化整合，减少考核次数，优化考核流程，做到"三种考核，一次完成；一张证书，全国通用"。同时，将检测机构的日常监管职能下放到地方工作机构，并提高了检测机构准入门槛，建立了 4 项检测机构监督管理制度。2018 年，中国绿色食品发展中心组织 196 家"二品一标"检测机构参加了农业农村部的检测技术能力验证活动；对 12 家绿色食品定点检测机构进行了飞行检查。对能力验证及飞行检查不合格单位分别做出了限期整改、暂停业务、取消资质等处理。

2018 年 8 月底，中国绿色食品发展中心在辽宁举办 2018 年绿色食品、农产品地理标志定点检测机构培训班，通报了近两年飞行检查发现的不合格项及改进措施，就采样、制样质量控制要点及新标准、新制度进行了培训和解读。全国 120 多家检测机构的主要负责人参加了培训。

（三）"三员"队伍

绿色食品检查员、监管员和企业内检员是推动事业发展的重要技术力量，"三员"队伍的培训是事业发展的基础工作，对于宣贯技术标准、解读制度规范、提升体系队伍的业务素质和能力具有十分重要的作用。为进一步加强"三员"培训工作，加快提高培训班的授课质量和专业水平，充分发挥工作系统优秀人才的专业优势，中国绿色食品发展中心于 2018 年 4 月下旬在长沙举办了绿色食品检查员标志监督管理员师资培训班，要求各地绿色食品办公室选拔从业时间较长、理论功底深厚、实践经验丰富、具有较好语言表达能力的业务骨干参加培训。根据相关规定，中国绿色食品发展中心对结业考试合格的学员进行了资质审核，为审核通过的 52 名学员颁发了首批师资证书，并统筹安排在全国各地培训授课。2018 年，全国共举办绿色食品检查员、监管员培训班 24 期，累计培训约 3 100 人次。中国绿色食品发展中心还编辑出版了《绿色食品工作指南（2018 版）》作为全系统培训教材和工具用书。

2018 年全年新注册检查员 472 名，当年有效检查员 2 944 人；新注册监管员 840 名，当年有效监管员 1 995 人；新注册内检员 11 293 名，当年有效内检员 25 614 人。

2018 年全国绿色食品检查员标志监督管理员师资培训班

地方典型 1

内蒙古自治区高度重视体系队伍建设

在工作体系方面：全区 12 个市（盟）、全部涉农县（旗）均成立了绿色食品工作机构，所有乡镇均建立了农畜产品质量安全监管机构，专职和兼职人员达到 3 300 多名。自治区制定并颁布了《内蒙古农畜产品质量安全乡镇监管站建设标准》

《内蒙古农畜产品质量安全乡镇监管站工作规范》2个地方标准，近两年共投入1 400余万元专项资金建设了240余个标准化乡镇监管站。

在监测体系方面：中央投资和地方配套资金累计4.5亿元，建设了4个自治区级风险监测能力建设项目和12个市（盟）级、93个县（旗）级检测机构，其中市（盟）级和县（旗）级的104个检测机构均依托各级绿色食品工作机构建立，配置检测人员930多名。

地方典型2

河北省创新思路全力做好绿色食品培训工作

绿色食品检查员、监管员队伍建设是事业发展的基础。河北省以提高市级检查员、监管员能力水平为重点，通过督导、现场检查、材料联审、交流互检等方式，以检代训，进一步强化骨干队伍建设，通过一级带一级的方式，做好延伸传帮带，逐步提高县级检查员、监管员的业务水平。

2018年，河北省共组织6期"三品一标"业务培训班，其中扶贫培训班5期，全省绿色食品检查员、标志监督管理员及绿色食品生产资料管理员培训班1期，培训业务人员近500人次。此外，河北省绿色食品办公室还组织开发内检员网上学习培训考试系统，已完成调试并投入试运行，初步实现了企业内检员网上学习、网上考试、网上注册的便捷管理。

（四）绿色食品专家队伍

为充分利用社会资源和专业技术力量，为绿色食品事业发展提供有力的技术支撑，中国绿色食品发展中心组建了一支高效精干的专家队伍，并根据业务需求不断补充完善。目前，专家累计400余位。绿色食品专家主要来自国家行政管理部门、科研单位、检测机构、大中专院校等相关业务领域，主要参与绿色食品理论研究、标准制修订、标志许可审核等日常业务咨询等工作。

六、品牌建设

（一）标志商标管理

截至 2018 年底，中国绿色食品发展中心在境内注册的证明商标共涉及 9 个商品类别、10 种形式、93 件商标，基本涵盖了食用农产品和加工品。8 件绿色食品商标在日本续展注册成功，6 件绿色食品商标在韩国注册成功。截至 2018 年底，中国绿色食品发展中心在 11 个国家和地区成功注册商标，有效地保护和宣传了绿色食品品牌。

（二）品牌宣传

2018 年是"农业质量年"，中国绿色食品发展中心围绕"绿色生产 绿色消费 绿色发展"的主题，充分依托部属媒体，广泛发挥社会媒体力量，多层次、多形式、多角度地宣传绿色食品，组织开展了一系列活动。通过不断提升绿色食品的公众形象，进一步扩大绿色食品的市场占有率和影响力，提升绿色食品的公信力和知名度。

1. 全国绿色食品宣传月 2018 年，全国绿色食品工作系统开展了主题为"春风万里 绿食有你"的绿色食品宣传月系列活动。

中国绿色食品发展中心和省、市两级绿色食品工作机构在全国组织开展以绿色食品进超市、进社区、进学校为主要形式的集中宣传推介活动，重点宣传绿色食品的理念和内涵、标志形象和绿色食品知识。2018 年 4 月 2 日，中国绿色食品发展中心在北京农业嘉年华举办宣传月启动仪式，截至 2018 年 5 月底，全国 23 个省（直辖市）级绿色食品工作机构，115 个市（县）级工作机构共举办了 256 场各类宣传活动。据不完全统计，全国绿色食品宣传月接待消费者 128 000 余人，共展出 1 500 余家绿色食品企业 10 000 多个产品。活动现场悬挂宣传标语、横幅 1 300 余条，宣传栏、宣传展板 1 000 块左右，发放《绿色食品你知 我知 大家知》和农产品安全知识普手册等宣传材料 35 000 余份，绿色食品微信公众号及各省（直辖市）微信平台发布信息万余条。宣传月活动期间，各省（直辖市）邀请当地媒体记者对活动现场进行直播和采编，共形成新闻报道731篇。绿色食品宣传月活动，提升了品牌知名度，增强了品牌公信力，收到了良好的社会反响。

宣传月活动还邀请了农业农村部部属媒体记者宣传绿色食品"从土地到餐桌"全程质量控制体系的典型案例，介绍绿色食品生产的产地环境要求、生产技术规程、质量控制过程，讲好品牌故事，各省组织邀请当地知名媒体和消费者代表深入绿色食品生产企业和原料标准化基地进行深入采访和参观，共形成报刊、网络、微信等各类平台新闻报道500余篇。

地方典型1

北京市绿色食品宣传月首场活动在昌平农业嘉年华举行，活动展出产品涵盖"菜篮子"产品、加工品、果品和蜂产品，"燕京啤酒""全聚德""三元""八喜""白玉""德青源"等众多国内外知名品牌吸引观众纷纷参与产品品尝、扫码答题等互动活动，"八喜"冰淇淋和"德润通"酸辣粉品尝区前排起了长队。活动现场举办的微信公众号"全民绿色夺宝"绿色食品知识有奖答题活动激发了消费者的热情，得到了参与和关注。

地方典型 2

黑龙江省宣传方式多样化，城乡联动，既立足市中心繁华路段消费市场，又走进田间地头。在绿色食品宣传月活动中，黑龙江省绿色食品发展中心邀请《黑龙江日报》《香港商报》《黑龙江卫视》及绥化市电视台等十几家媒体记者走进黑龙江省内具有特色的绿色食品种植基地和生产加工基地进行实地探寻。

2. 与农业农村部部属媒体合作，加强宣传　中国绿色食品发展中心在 2018 年先后与包括《农民日报》《农村杂志社》《农产品质量安全》3 家农业农村部部属媒体合作，向媒体提供宣传资料和素材，并邀请、组织其参加包括第十九届中国绿色食品博览会暨第十二届中国国际有机食品博览会在内的绿色食品行业相关重大活动，邀请媒体记者深入绿色食品企业和基地，进行采集采访，宣传绿色食品企业的成功典型，报道地方工作机构"三品一标"事业发展成就，讲好品牌故事。其中，《农民日报》先后于 2018 年 11 月 29 日和 12 月 7 日，就绿色食品发展刊发编辑部文章和专题报道，进一步加深社会各界对绿色食品理念、作用、地位、意义的认识，促进各地健康持续地发展绿色食品产业。中国农村杂志社在《农村工作通讯》2018 年第九期中发表中国绿色食品发展中心张华荣主任署名文章《推动"三品一标"全面升级　让中国农业"绿"出新高度》。通过与以上几个长期合作的媒体的进一步合作，在宣传方面起到了良好效果。

农民日报

FARMERS' DAILY

中国农业新闻网　　网址：www.farmer.com.cn　　手机：wap.farmer.com.cn

2018年11月29日　星期四　农历戊戌年十月廿二　十一月初一大雪　第11085期（今日八版）

国内统一连续出版物号：CN 11-0055　　邮发代号：1-39　　农民日报社出版　　E-mail：zbs2250@263.net

中国农业高质量发展的探路者

——写在绿色食品事业诞生二十八周年之际

本报编辑部

2018年，对于中国农业来说，注定是一个不平凡的年头。

这一年，是农业质量年。"高质量发展"成为中国农业发展的主基调、最强音，中央农村工作会议作出了"走质量兴农之路"加快推进农业由增产导向向提质导向的重要部署，全国农业工作会议提出了"唱响质量兴农、绿色兴农、品牌强农主旋律"的重要工作思路，中国农业迎来了高质量发展的新时代。

这一年，是改革开放40周年。中国经历了40年的跨越式发展，彻底告别了"物质短缺"时代，人民对美好生活的向往与日俱增，对农产品的质量、安全、特色、环保提出更高要求，品质消费需求强劲。

这一年，也是绿色食品事业诞生28周年。在追求"舌尖安全"、优质、美味的时代，我们由衷地向绿色食品事业的开创者致敬！绿色食品事业是一项符合中国国情、农情的开创工程，在引领农业绿色发展方面作出突出贡献；绿色食品事业是一项顺应时代发展潮流的前瞻工程，向世界贡献了农业可持续发展的中国智慧和方案；绿色食品事业是一项事关人民健康福祉的民心工程，成为老百姓"舌尖安全"的忠实守护者。

习近平总书记高度重视绿色食品产业的发展。在福建工作时，就明确指出："绿色食品是21世纪的食品，很有市场前景，且已引起各级政府和主管部门的关注。今后要在生产研发、生产规模、市场开拓方面加大力度"各级农业农村部门始终坚持"提质量、强品牌、增效益"工作方针，一任接着一任干，一张蓝图绘到底，久久为功，走出了一条标准化、品牌化、产业化相结合、生态效益、经济效益、社会效益协调发展的新路子，在我国农业发展史和经济社会可持续发展历程中留下浓墨重彩的一笔。

解决"吃好"问题的中国实践

民以食为天，食以安为先。党的十八大以来，以习近平同志为核心的党中央高度重视农产品质量安全工作。习近平总书记指出，能不能在食品安全上给老百姓一个满意的交代，是对我们执政能力的重大考验。食品安全源头在农产品，基础在农业，必须正本清源，首先把农产品质量抓好。

在食物日益丰富、"质量兴农"成为农业发展主旋律的今天，我们不禁回想起改革开放进入第二个10年的时候，彼时中国社会正处于从温饱向小康过渡的历史阶段，13亿中国人的温饱问题基本解决，老百姓的生活日渐宽裕，品质消费的趋势开始萌芽，传统农业转型升级对于优质、高效的诉求，城市化、工业化对于清洁生产的需要，都日益凸显。与此同时，发韧于上世纪70年代的国际绿色运动影响不断扩大，世界各国对过度使用化肥农药的"石油农业"展开深切反思，纷纷探寻农业可持续发展新路。

正是在这一背景下，1990年，中国农业有识之士首创了"绿色食品"，开启了时代优质农产品事业的持续探索。尽管当时，种种的声音还很稚嫩，其孕育发展的理念在追求高产的年代尚显另类，但经过几代绿色食品人艰苦创业、接力奋斗，绿色食品如同一棵顽强生长的幼苗，与中国社会同步成长中逐渐为人们所接受、熟知、青睐，并开始走入寻常百姓家！

一路行来，绿色食品事业始终坚守"出自优良生态环境、带来强劲生命活力"的发展理念，始终聚焦"绿色"、突出"优质"，矢志做中国优质农产品事业的探路者、践行者。28年来，她创设了一套行之有效的绿色优质农产品生产体系，在我国首次提出由从土地到餐桌全程质量控制理念，创建了产地环境、生产过程、产品质量和包装贮运全程控制的标准体系，将安全标准达到国际先进水平，体现了清洁化、减量化、优质化和生态化的高度融合。如今，绿色食品已经具备了较为完整的标准体系、工作体系、管理体系和产业体系。这些探索和创新推动了"吃好"问题的解决，极具农业发展的制度创新价值。

翻开绿色食品的成绩单，绿色食品不仅是老百姓眼中安全优质农产品代名词，还是引领绿色消费的风向标，更是农民增收的带动者。目前，绿色食品企业达到13161家，产品30781个，原料标准化生产基地678个，基地面积1.6亿亩。绿色食品产品质量稳定可靠，产品质量抽检合格率持续多年稳定在98%以上，消费者对其认知度超过80%，在各类认证农产品中位居第一，其平均价格比普通农产品高出10%~30%，亿万农民通过种植养殖绿色食品发家致富。

绿色食品不是一种简单的食物，更代表着人与自然的关系、人与社会的关系、人与人之间的关系。绿色食品是人们在饮食方面的返璞归真，是对绿色、天然、健康饮食方式的一种宝贵尝试，是中国人在"吃饱"后对"吃好"问题的首次实践。这一探索弥足珍贵，不仅与千百年来老百姓对"健康饮食"的希冀遥相呼应，更与当代国人对"舌尖安全"的需求高度契合。

农业绿色发展的中国经验

太阳、叶片、蓓蕾，生机盎然的景象被浓缩为绿色食品标志的核心元素，将"生态自然"的发展理念充分展现。标志的整体颜色为绿色，象征着生命、农业、环保；外框为正圆形，寓为保护。整个标志图形描绘了一幅明媚阳光照耀下的和谐生机，告诉人们绿色食品出自优良生态环境，能给人们带来蓬勃活力。

站在国际农业大舞台，绿色食品被誉为"全球可持续农业20个最成功的模式之一"，成为享誉国际的知名健康优质食品品牌。绿色食品实践，不仅开辟出农产品质量安全工作的一种崭新模式，拓宽了农业可持续发展的路径，更是成为我国农业绿色发展的先行者。（下转第二版）

3. 在央视投放公益广告片　为进一步加强宣传绿色食品事业，中国绿色食品发展中心于2018年下半年在CCTV-1、CCTV-2、CCTV-4、CCTV-7等频道播出5秒绿色食品公益广告。

广告片内容由中国绿色食品发展中心自主策划，以"绿色食品 中国首例证明商标"作为广告语，通过产自优良生态环境、体现绿色食品精品的画面向社会公众诠释绿色食品的品牌特性和内涵。广告片共播出 930 次，其中在央视播出 409 次，CCTV－1 收视率 0.29％，覆盖约 2.06 亿人次；CCTV－4 收视率 0.39％，覆盖约 9.27 亿人次，CCTV－7 平均收视率 0.17％，覆盖约 9.33 亿人次，累计覆盖约 33.04 亿人次（数据来源央视索福瑞有限公司）。广告播出后，"绿色食品"百度搜索数量提高了 1 倍。经过这一轮中央电视台各频道的广告宣传，"绿色食品"这一品牌被广泛熟知，"绿色食品"标识也被更多的消费者认知。

央视播出的绿色食品广告片画面

4. 征集绿色食品品牌故事 为推进质量兴农、绿色兴农、品牌强农工作，加强绿色食品品牌宣传，中国绿色食品发展中心于 2018 年起开展了征集绿色食品品牌故事的活动，活动面向各省合作媒体记者、绿色食品工作系统及绿色食品获证企业。

活动中征集到了一批绿色食品品牌故事，它们紧密围绕宣传绿色食品"从土地到餐桌"全程质量控制的标准化生产理念，突出介绍绿色食品的产地环境、生产技术规程、质量控制过程，以及品牌建设在带动产业升级、促进增收致富方面发挥的成效作用。经编辑加工并搭配精美图片后，一部分优秀的品牌故事已在绿色食品微信公众号上进行刊登，生动活泼地向广大订阅读者传播绿色食品理念。

微信公众号展示绿色食品品牌故事

地方典型1

福建省着力品牌农业宣传

　　福建省农业品牌宣传多媒体、高强度，既有扶持企业自身宣传，又有政府公益宣传；既有电视广播等传统媒体宣传，也有"今日头条"等新媒体宣传。全省组织18家2017年度福建名牌农产品获牌企业在沈海高速公路重要地段设立91座广告牌，集中连片突出"清新福建　绿色农业"主题，效果良好。在东南卫视各档新闻节目前、中、后的重要时段展播福建著名农业品牌广告片，365天不间断；寿宁高山茶、武平百香果等8个农产品区域品牌在中央电视台广告精准扶贫栏目展播，影响大、效果好。在"今日头条"开辟品牌农业专题专栏，创建品牌农业微信公众号，设立"福建农业信息网"品牌农业频道，形成新媒体"网微端"三合一宣传矩阵。2018年4月，按照中国绿色食品发展中心的统一部署，在全省组织开展"春风万里 绿食有你"宣传月活动，上下联动、因地制宜，普及知识、展示成就、推动营销，取得了很好的效果。

地方典型2

青海省进一步扩大"三品一标"农产品市场知名度和影响力

青海省农业农村厅从2018年全省农业品牌建设资金中安排100万元用于制作15分钟高原特色农产品品牌宣传片及5 000册宣传画册。青海省绿色食品办公室指定专人负责，精心设计，制作了高原特色农产品品牌宣传片及宣传画册。宣传片主要以生态发展、绿色发展为主线，以蓝天白云、湖泊山川、天然牧场、牦牛藏羊、万亩花海、生产加工、美食评鉴等为场景，多视角、大场景、强震撼力体现大美青海及其生态农牧，宣传以"三品一标"优质农产品为主的高原特色农产品品牌，有效促进了青海特色农产品走向国内外市场。

地方典型3

湖北省抓住"品牌兴农"主线开展多渠道宣传

湖北电视台在全国率先推出《乡亲乡爱》专题宣传名特优产品栏目，专题采访播出湖北省"三品一标"精品品牌，全省100多个县（市）长、农牧业局长、绿色及有机食品生产企业踊跃参与录制与现场推介，有力宣传和提升了湖北省农产品品牌影响力和公信力。2018年，还有《湖北日报》、"湖北之声"等多家主流媒体多次参与报道"三品一标"工作。此外，湖北省绿色食品办公室还与《湖北农业科学》杂志社合作，设立绿色发展、品牌建设、安全监管、产业扶贫等专题专栏，各地踊跃投稿发表，取得良好效果。

（三）市场建设

2018 年 12 月 7～9 日，由中国绿色食品发展中心主办的第十九届中国绿色食品博览会暨第十二届中国国际有机食品博览会在福建厦门成功举办。本届中国绿色食品博览会以"绿色生产、绿色消费、绿色发展"为主题，秉承"展示成果、促进贸易、推动发展"的宗旨，积极组织招商招展工作，较往届有新提高。

1. 参展品类丰富，更加注重全产业链展示 本届中国绿色食品博览会与中国国际有机食品博览会共同举办，展区面积 37 000 平方米，设置 1 735 个标准展位，其中包括中国绿色食品博览会各省展团馆、中国国际有机食品博览会企业品牌馆、绿色食品生产资料展区、电商平台展区、品鉴体验区和推介发布区、质量检测仪器设备与食品机械包装等相关行业展区。本次展会共有来自全国的 37 个展团参展，参展产品包括粮、油、果、蔬、茶、畜、禽、蛋、奶、水产等产品，其中绿色食品、有机食品占70％以上。

第十九届中国绿色食品博览会

2. 主题特色鲜明，更加突出绿色发展理念 本届中国绿色食品博览会展场设计、展区布置突出绿色发展主题，展场内外绿色食品文化元素装饰充分，主题突出，气氛热烈。宣传方面全方位、多视角，样式新颖，别具一格，营造了浓郁的农产品品牌文化氛围，取得了很好的公共宣传效果。

3. 活动内容精彩，更加注重服务乡村振兴 本届展会以促进品牌强农、产业兴旺为目标，展会期间举行了 20 多场形式多样的优质农产品推介会、地方特色农产品说明会、企业新产品发布会、生产资料产销对接会等，为绿色食品产业链上下游企业对接交流、寻求合作商机创造了良好的条件。

甘肃定西马铃薯商务推介会

4. 办展日臻成熟，更加凸显平台影响力 中国绿色食品博览会经过近 30 年的精心打造，积累了较丰富的办展经验。本次生产商、采购商、电子商务平台的组织展示和推介力度明显大于往届，新增了绿色食品生产资料、基地建设单位、仪器设备、第三方认证等展区，为各类型企业主体间信息互通、寻求合作提供了有力保障。同时，举办的中国国际有机食品博览会还邀请到了来自澳大利亚、英国、意大利、俄罗斯、韩国、中国台湾等多个国家和地区的 57 家企业参展，数十家境外采购商到会，体现了绿色食品和有机产品较高的国际影响力。本届展会向"专业化、国际化、市场化、信息化、品牌化"迈进了一大步。

来自境外的参展企业

地方典型

湖南省积极搭建"三品一标"产销对接平台

湖南省通过开展"绿色食品宣传月""健康中国绿色食品湖南行"等系列活动，借助网络、电台、报刊等新闻媒体讲好品牌故事，扩大绿色食品影响，切实把绿色食品品牌树起来。

组织"春风万里　绿食有你——绿色食品宣传月湖南站"公益宣传活动，请"三品一标"企业代表进行自律承诺宣誓，湖南人民广播电台新闻综合频道对整个活动进行了网络现场直播。湖南省绿色食品办公室还组织了绿色食品进学校、进社区等多次宣传活动。"健康中国绿色食品湖南行"活动贯穿全年，累计采访报道了50家绿色食品、地标基地企业，通过专家现场访谈、"三品一标"科普介绍等多种形式让广大消费者了解"三品一标"知识。

　　湖南省加大产品产销对接，积极组织企业参加湖南省农业委员会和步步高集团每月固定举办的产销对接会，促成多家"三品一标"企业与步步高超市签署了采购意向协议。组织企业参加由广州市农业委员会举办的共建"粤港澳大湾区'菜篮子'"绿色食品对接会，岳阳市、常德市绿色食品办公室分别与广州市绿色食品办公室签署了《粤港澳大湾区"菜篮子"绿色食品对接框架协议》。组织36家水果企业参加在北京举行的湖南贫困地区优质农产品（北京）产销对接会。

　　规范建设销售平台。授权原"湘品出湘"建设湖南省绿色食品体验推广中心，前期有50多家"三品一标"企业入驻，为全省"三品一标"企业产品搭建了一个销售平台，推动湖南"三品一标"线上、线下一体化营销，促进产品与市场无缝对接。支持湖南绿色食品网上商城举行了4期促销活动，进一步推动了全省"三品一标"优质产品在商城的销售量，提高了"三品一标"市场占有率。

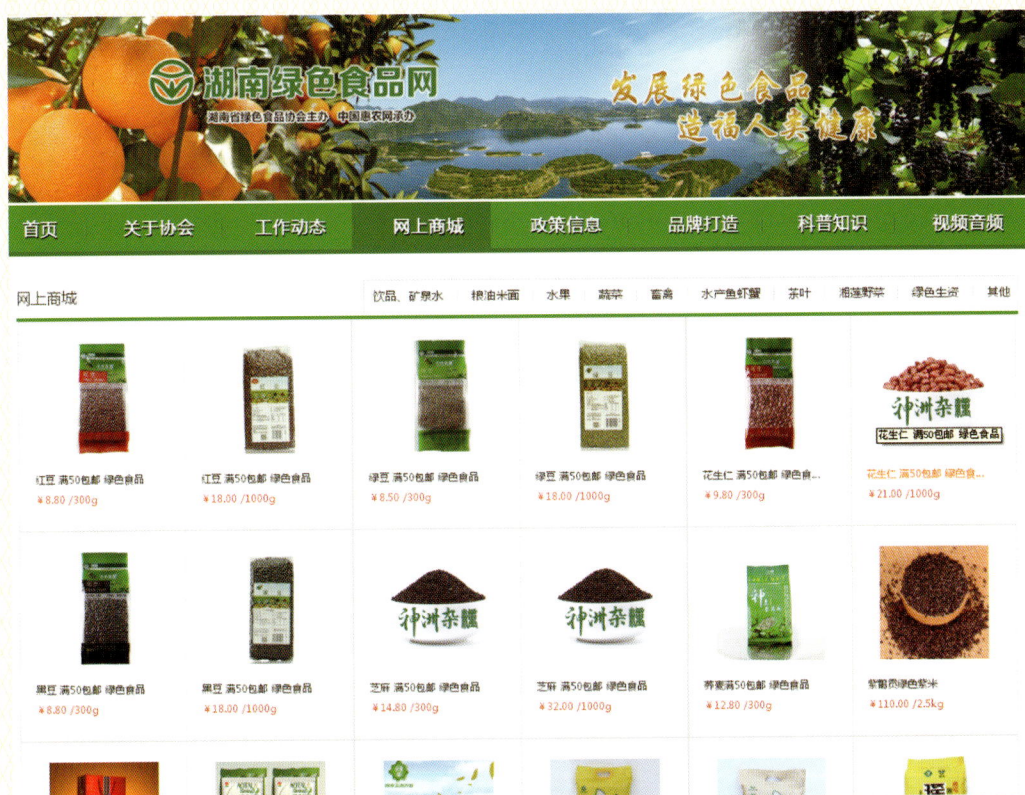

湖南省绿色食品电商平台

七、国际交流

（一）国际认证

2018 年 6 月 25～29 日，中国绿色食品发展中心派出检查组赴印度尼西亚加里曼丹岛，对天津龙威粮油工业有限公司棕榈油相关产品的原料供应基地开展续展现场检查工作。此次境外检查，加强了绿色食品技术交流，增强了为获证企业服务的能力和水平，进一步扩大绿色食品知名度和影响力，对促进绿色食品品牌在境外的发展起到了积极作用。

2018 年 7 月 15～21 日，中国绿色食品发展中心派出检查组赴澳大利亚，分别对优质谷物经营有限公司（PREMIUM GRAIN HANDLERS PTY LTD）和澳克谷物有限公司（M. C. CROKER PTY LTD）申请的绿色食品燕麦产品开展现场检查工作。此次境外检查，强化了绿色食品标准与国外相关食品标准的对接，增进了已获证企业对绿色食品相关知识和质量控制体系的进一步了解，扩大了绿色食品知名度，促进了绿色食品品牌在境外的发展。

马来西亚棕榈油基地现场检查

（二）国际交流与合作

根据农业农村部 2018 年农产品促销项目计划，中国绿色食品发展中心于 2018 年 3 月 6～9 日，组织企业参加了第 43 届日本东京国际食品与饮料博览会（FOODEX JAPAN 2018）；2018 年 4 月 23～27 日，组团赴新加坡参加了 2018 年亚洲食品及酒店用品博览会（FHA 2018）。组织企业出国参展活动为绿色食品企业搭建了产品展示促销平台，提升了绿色食品品牌形象，扩大了国际影响力。

2018 年 10 月，中国绿色食品发展中心与马来西亚棕榈油认证委员会开展座谈交流，在发展理念和专业技术方面达成共识，为推进中国绿色食品与马来西亚棕榈油的互认合作、加快绿色食品棕榈油的发展迈出了实质性步伐。2018 年 12 月，双方正式成立专家技术委员会，就绿色食品申报程序要求、标准规范、检测检验、环境保护等方面展开详细讨论，并商定了下一步的工作方向。

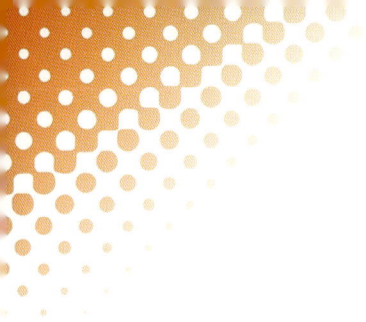

2018

绿色食品发展报告

第三篇

中绿华夏有机农产品

2018 绿色食品发展报告

第三篇 中绿华夏有机农产品

一、产品发展

（一）获证企业与产品

2018 年，中绿华夏有机食品认证中心认证有机企业 1 114 家，比 2017 年同期增长 5.5％；产品 4 310 个，比 2017 年同期增长 7.9％；共颁发有机产品证书 1 722 份，比 2017 年增长 5％。

2018 年有机农产品总体发展情况

指标	单位	数量
企业数	家	1 114
产品数	个	4 310
证书数	张	1 722
新申报企业	家	279
新申报产品	个	922
新申报证书	张	352
认证面积①	万亩	5 262.43
种植业	万亩	275.88
畜牧业②	万亩	4 306.71
渔业③	万亩	370.54
野生采集	万亩	309.13
酒及饮料	万亩	0.17

注：①种植业、畜牧业、渔业、野生采集面积分别含其加工产品面积。②包括饲料、饲草种植认证面积（含境外认证面积）。③包括淡水、海水养殖认证面积。

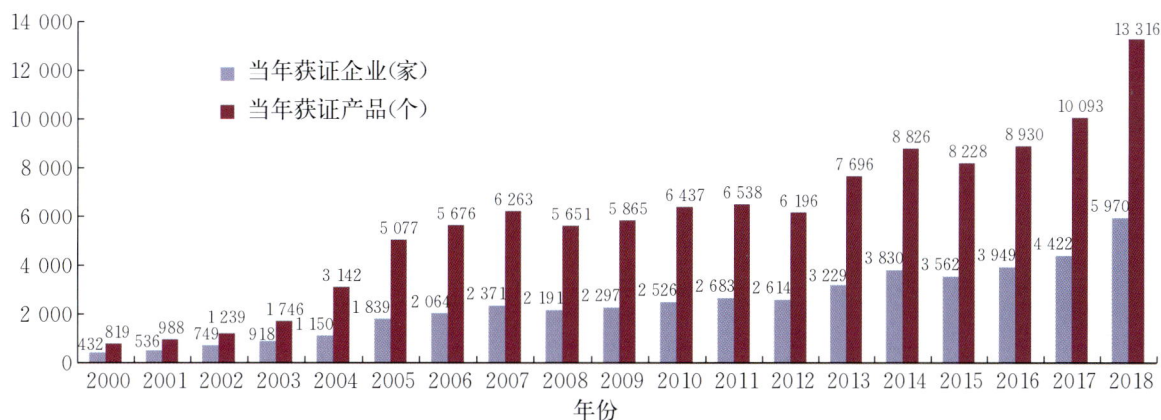

2000—2018 年中绿华夏有机食品认证中心历年认证有机农产品品企业数和产品数

（二）获证产品结构

2018年，中绿华夏有机食品认证中心认证的产品中，种植业产品2 218个，占51.46%；畜牧业产品130个，占3.01%；渔业产品352个，占8.18%；野生采集产品424个，占9.83%；加工业产品1 186个，占27.52%。

2018年中绿华夏有机农产品分类产品发展情况

产品	产品数（个）	产量（万吨）	基地面积（万亩）
种植业	2 218	169.92	409.89
粮食作物	588	58.22	154.68
薯类	36	5.52	13.54
油料作物	75	11.84	61.58
豆类	194	6.79	71.4
棉花	1	0.002	0.01
糖料	3	3.5	3.03
蔬菜	166	1.36	11.08
水果和坚果	222	10.52	27.54
茶叶	813	2.47	13.63
中草药	63	1.34	7.15
饲料原料	57	68.36	46.25
畜牧业	130	4.47	3 720.57
肉类	106	4.38	3 718.89
禽蛋类	24	0.09	1.68
渔业	352	31.08	302.38
野生采集	424	7.55	303.21
加工业	1 186	187.90	526.38
粮食加工	492	8.52	0.75
其他淀粉制品	13	0.37	0.2
水果坚果加工	183	4.28	9.23
畜产品加工	55	0.06	0.06
渔业产品加工	15	0.38	68.16
食用油	99	4.55	0.19
制糖	9	0.75	0.04
酒类	89	8.36	0.13

（续）

产品	产品数（个）	产量（万吨）	基地面积（万亩）
饮料	11	0.12	0.04
饼干及其他焙烤食品制造	22	0.009	0.001
乳品加工	166	160.33	447.54
米、面制品制造	18	0.07	0.02
调味料制造	14	0.1	0.02
总计	4 310	400.92	5 262.43

（三）区域发展情况

2018 年，中绿华夏有机食品认证中心认证有机企业数最多的 5 个省份是黑龙江、内蒙古、江苏、湖北、山东；认证有机生产面积最大的 5 个省份是四川、黑龙江、内蒙古、湖北、吉林。

2018 年各地区有机农产品发展情况

地区	企业项目数（个）	产品数（个）	产量（万吨）	基地面积（万亩）
北京	16	77	4.59	14.67
天津	2	54	0.07	0.23
河北	51	168	3.98	14.28
山西	37	115	3.18	16.13
内蒙古	78	311	157.14	129.05
辽宁	28	111	2.63	51.80
吉林	33	141	1.99	54.43
黑龙江	136	847	26.16	363.60
上海	14	30	1.66	7.91
江苏	77	195	1.70	6.29
浙江	10	30	0.28	0.49
安徽	21	53	0.42	4.99
福建	34	178	3.94	10.46
江西	25	95	2.65	29.33
山东	66	194	32.63	20.00
河南	15	46	0.63	1.66

（续）

地区	企业项目数（个）	产品数（个）	产量（万吨）	基地面积（万亩）
湖北	67	225	5.06	69.84
湖南	56	267	1.30	15.79
广东	26	78	0.93	5.97
广西	38	133	2.98	6.59
海南	5	13	0.03	0.14
重庆	37	110	3.13	13.29
四川	42	123	4.93	373.52
贵州	2	3	0.01	0.08
云南	14	51	1.02	2.63
西藏	2	8	0.15	0.42
陕西	10	17	2.26	1.30
甘肃	37	168	9.23	55.67
青海	11	65	4.43	3 661.36
宁夏	25	54	3.56	5.25
新疆	13	45	1.66	102.95
台湾	4	19	0.01	0.02
海外	82	286	116.58	222.29
总计	1 114	4 310	400.92	5 262.43

（四）贫困地区发展情况

为促进贫困地区有机农业发展，配合打赢脱贫攻坚战，中绿华夏有机食品认证中心全年共为 250 家贫困县企业减免有机认证费 178.45 万元，比 2017 年增加了 43.1%。其中为西藏地区和四省藏区 19 家企业减免费用 30.72 万元；全部减免张北县 5 个企业的认证费用，合计 10.6 万元；为大兴安岭南麓片区 5 家企业减免费用 3.26 万元。中绿华夏有机食品认证中心党支部赴张北县豆腐窑村开展了党支部对口扶贫帮扶活动，出资支持豆腐窑村基础设施建设及党员活动中心的改造，为馒头营乡中心小学捐赠电脑，提高该校的教学信息化水平；举办了"蔬菜技术培训班"，有针对性地解决当地蔬菜种植技术问题。

二、基地建设

截至 2018 年，全国共建成有机农业示范基地 30 个，有机农业产业融合示范园 1 个，涉及 16 个省，总面积达 2 729 万亩，初步形成了各具特色的有机种养示范模式。

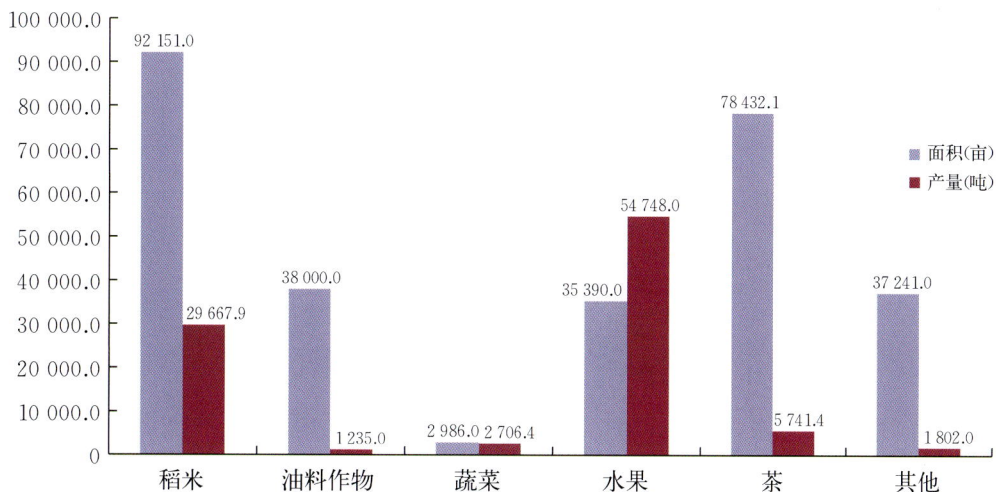

全国有机农业示范基地（种植类）规模

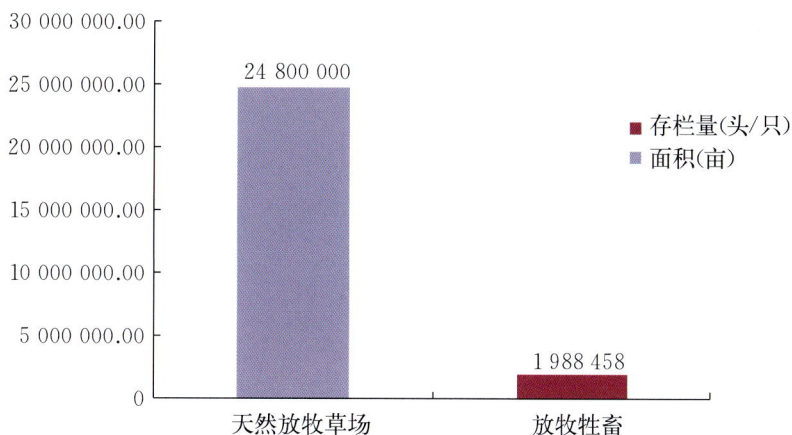

全国有机农业示范基地（畜牧类）规模

基地建有完善的质量管理体系和可持续生产体系，建立多样化的有机农业生产模式，推广秸秆还田及综合利用技术，开展有机肥生产及合理利用，推行粮经作物轮作和间套作以及"畜-沼-粮（菜、果、茶）"等为主要形式的生物物种共生、用养结合等内部资源循环利用的可持续发展模式。依托龙头企业、农民专业合作组织，加强产销

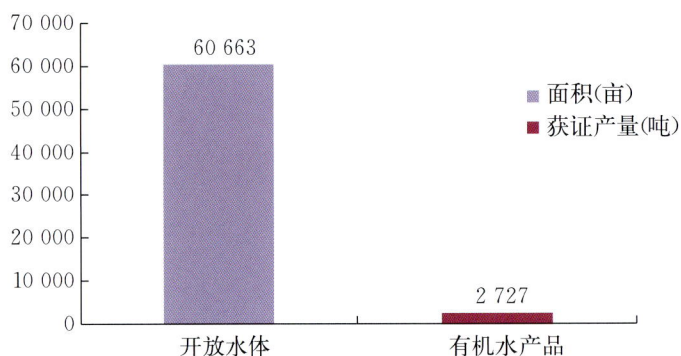

全国有机农业示范基地（水产类）规模

联合，大力推广"公司＋农户""公司＋合作社（协会）＋农户""协会＋农户"等经营模式，建立利益共享、风险共担的紧密型利益联结机制。基地建有可追溯体系，专人负责有机农业日常生产管理活动，对日常生产、有机农业投入品的使用、收获（包括捕捞、屠宰等）、运输、储藏、加工、销售等环节如实进行记录，生产的产品实现可追溯。有机农业在生产过程中与生态环境相互依存、相互影响，以产业化为龙头，以环境质量安全全程控制和标准化为手段，从产前、产中和产后对农产品进行全程质量控制，形成完整的有机生态体系，对增加农民收入、提升品牌效益具有积极的意义。

三、证后监管

（一）产品抽检

中绿华夏有机食品认证中心制订了质量监督抽检方案，共安排抽检产品 181 个，主要抽取茶叶、茶籽油两类高风险产品，发现抽检不合格产品 4 个，抽检合格率为 97.8％，已对抽检不合格产品采取了相关措施。近 3 年，对茶叶、稻米、茶油、蔬菜等高风险产品实施了全覆盖式抽检，摸清了底数，防范了风险。

（二）监督检查

中绿华夏有机食品认证中心对河北省等 14 省（自治区、直辖市）的 53 家企业下达了监督检查计划，重点针对企业的用标规范、缓冲带设置、可追溯体系及上年度地方质检两局在食品、农产品专项检查中发现的问题等进行监督。中绿华夏有机食品认证中心对认证的全部蔬菜企业进行了监督检查，并全部安排了抽检。

四、品牌建设

（一）中国国际有机食品博览会

2018年12月7～9日，第十二届中国国际有机食品博览会在厦门成功举办，共有来自全国29个省（自治区、直辖市）展团的554家境内外有机食品企业及相关机构前来参展，展示了丰富多样的有机产品。博览会期间，组委会专门组织了多场产销推介会、有机食材品鉴会、有机茶品评活动，进一步突出了展会的市场对接作用和互动交流作用，增强了吸引力。来自澳大利亚、英国、意大利、俄罗斯、韩国、中国台湾等多个国家和地区的57家境外参展企业，数十家境外采购商到会，体现了博览会较高的国际影响力。本届博览会由中绿华夏有机食品认证中心第一次独立举办，向打造"专业化、国际化、市场化、信息化、品牌化"高水平展会迈进了一大步。

（二）中国国际茶叶博览会

2018年5月18日，第二届中国国际茶叶博览会在浙江杭州开幕。由中绿华夏有机食品认证中心组织的有机茶专区亮相本届茶博会，并成为展会的一个亮点，吸引了众多消费者的关注。有机茶专区以"有机国饮　健康国民"为宣传主题，携手十余家有机茶叶企业和基地代表在有机茶专区集中宣传展示，旨在普及有机茶理念、宣传中绿华夏品牌、拓宽企业销售渠道，搭建一个有机茶文化交流与展示的平台。展区内各参展单位除了传统的展示和介绍外，还进行了丰富多彩的有机茶知识讲座、茶艺表演和品鉴等现场推介活动，展示形式新颖、展区人气爆棚。

（三）产销对接会

为帮助农业系统有机食品企业拓展市场，推进有机农业健康发展，促进企业增效和农民增收，中绿华夏有机食品认证中心邀请"人民网人民健康频道""工商银行融e购""源食俱乐部"等优质产品销售平台，分别在辽宁、重庆、海南、厦门等地举办了 6 次有机产品产销对接会，100 余家有机食品企业与平台达成了合作意向，签约入驻了各销售平台。

五、国际认证与交流

（一）国际认证

2018 年，境外新申报企业 51 家，比 2017 年增长 30.8%，共有 32 个国家和地区 101 家企业的 343 个产品通过中绿华夏有机认证，企业数和产品数分别比 2017 年增长 35% 和 30%。国际标准再认证企业 44 家，再认证率 91.7%。

（二）国际交流与合作

2018 年 2 月 12～18 日，根据农业农村部 2018 年农产品促销项目计划，中绿华夏有机食品认证中心组织企业参加了纽伦堡国际有机产品博览会（BioFach 2018），推动了有机企业境外贸易，宣传了中绿华夏有机食品品牌，增进了国际交流与合作。

2018 年 6 月 25 日至 7 月 2 日，中绿华夏有机食品认证中心代表团赴智利与巴西开展了有机农业系列交流活动。在智利举办了"智利巴西中国有机产品推介会"，开拓了南美认证市场，与智利和巴西两国政府建立了联系，为进一步加强中智、中巴有机农业合作打下坚实基础。

2018 年 8 月 2～3 日，中外有机农业发展与市场推介会在河北省承德市丰宁满族自治县成功召开。会议主题为"互通有无，共同发展，有机好食材，美食无国界"。来自德国、法国、丹麦、西班牙、波兰、芬兰、乌克兰、阿尔巴尼亚、墨西哥和菲律宾 10 个国家驻华使馆农业食品参赞、商务参赞、项目官员代表出席会议。

2018 年 11 月 4～11 日，中绿华夏有机食品认证中心组团赴德国和瑞士开展有机农业系列交流活动。代表团访问了国际有机农业运动联盟（IFOAM）和瑞士有机农业研究所（FiBL）总部，参观了 FiBL 的实验室、葡萄种植园及认证企业。调研了有机市场，了解了国际有机农业发展趋势和市场状况，同时也向有机农业国际著名权威机构介绍了中国绿色食品和有机农业发展情况，增强了双方的深入交流与合作。

企业典型1

来自丹麦的皇室御用品牌——**Arla**®

Arla®来自有机王国丹麦，是丹麦皇室御用品牌，历史超过138年。Arla®产品远销世界100多个国家和地区，一直致力于为全球消费者带来天然和健康的产品享受。

Arla®坚持其特有的"有机1000法则"生产有机乳制品。Arla®是全球最大的有机乳品生产商；用1000天唤醒有机牧场的自然生态，不进行任何人为干预；为每一头奶牛提供1000平方米的自由活动空间，让奶牛自由生长；保证0农药、0激素、0抗生素，产出更健康、更有营养的产品。Arla®有机乳制品获得了丹麦、欧盟、中国三重有机认证。Arla®有机乳品全部由自营牧场直供奶源，确保每一滴奶安全可追溯，从牧场、奶牛，到生产、包装、物流等，全程遵循自然法则和严格的管理规范，坚持可持续发展的有机理念，切实践行企业的社会责任。

企业典型2

内蒙古圣牧高科奶业有限公司

圣牧寓意：圣洁草原，有机牧场。

圣牧使命：以生态建设为己任，打造世界级沙草有机产业基地，为消费者提供最安全的有机乳品。

圣牧企业以乌兰布和沙漠为核心，打造世界级全程沙草有机奶产业基地，致力于造就中国高端乳品的领先品牌。

圣牧对乌兰布和沙漠进行生态建设，目前已建成世界最大的沙漠有机草场和牧场。

在圣牧有机牧场，牛均占地60～80平方米，有专门的营养师。专业的保健体系，专属的环境体系，为奶牛提供了良好的动物福利。

第四篇

农产品地理标志

2018 绿色食品发展报告

第四篇　农产品地理标志

一、发展情况

（一）产品登记

2018 年，新公告颁证农产品地理标志产品 281 个，其中支持国家级贫困县登记公告 74 个产品，变更换证 8 个产品。

截至 2018 年底，全国累计登记农产品地理标志产品 2 523 个。

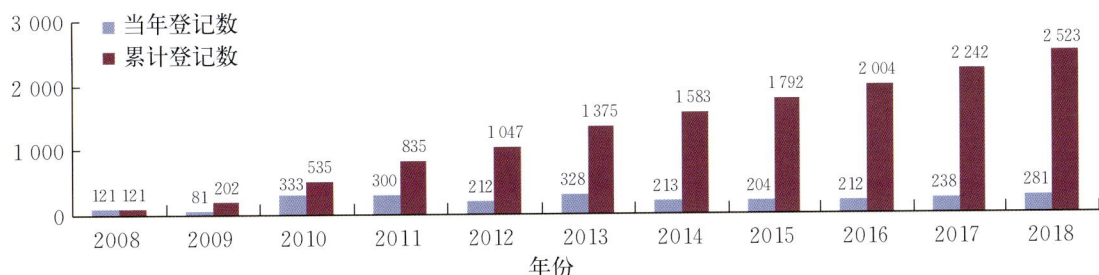

2008—2018 年当年和累计登记农产品地理标志产品数（个）

（二）产品结构

2018 年，在全国登记的农产品地理标志产品中，种植业产品 1 918 个，占 76.0%；畜牧业产品 402 个，占 15.9%；渔业产品 203 个，占 8.1%。

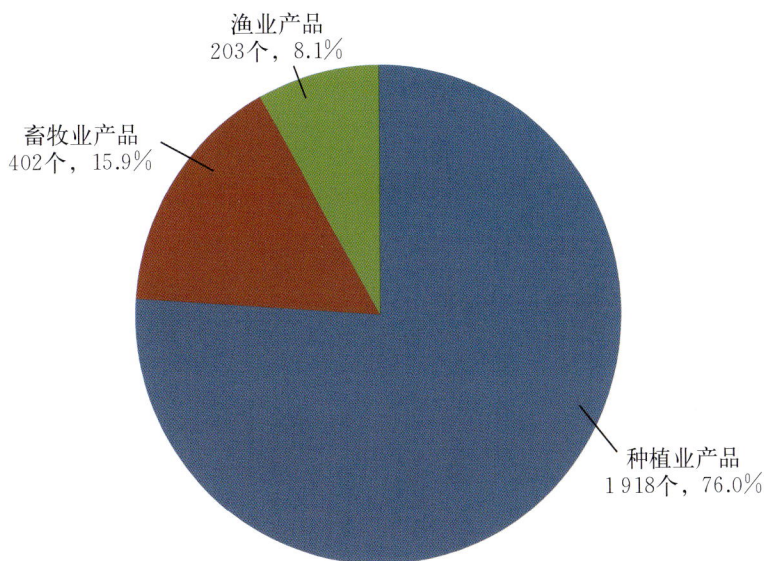

2018 年农产品地理标志登记产品结构图

2018 年，全国登记的农产品地理标志产品中果品有 687 个，占登记产品总数的 27.2％；蔬菜产品 416 个，占 16.5％；肉类产品 345 个，占 13.7％；粮食产品 318 个，占 12.6％；水产动物产品 197 个，占 7.8％；茶叶产品 148 个，占 5.9％；药材产品 147 个，占 5.8％；上述 7 类产品占登记产品总数的 89.5％，其他产品 265 个，占 10.5％。

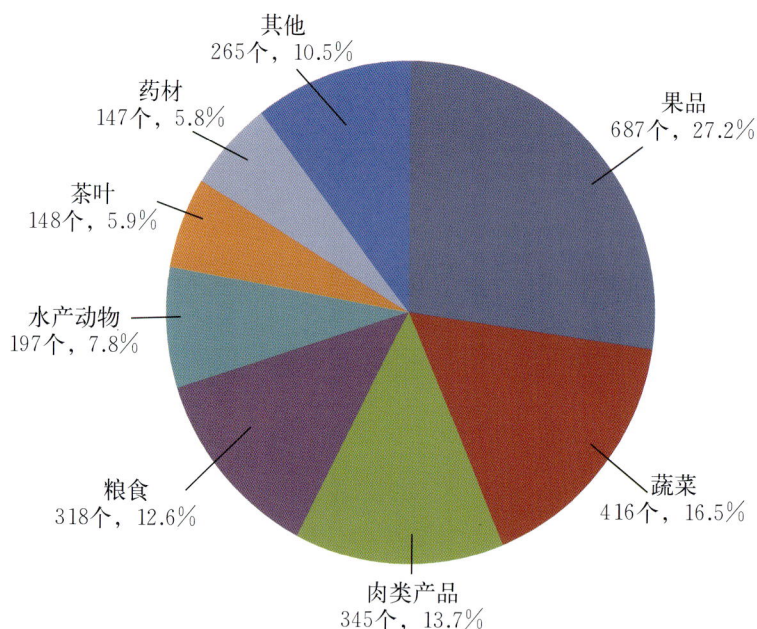

2018 年农产品地理标志登记产品类别图

（三）区域发展

2018 年，我国东部地区登记农产品地理标志产品 661 个，占全国总数的 26.2％；中部地区登记 601 个，占全国总数的 23.8％；西部地区登记 1 025 个，占全国总数的 40.6％；东北地区登记 236 个，占全国总数的 9.4％。

（四）工作机构

2018 年，全国省级农产品地理标志工作机构 61 个。农产品地理标志产品品质鉴定检测机构 109 家。

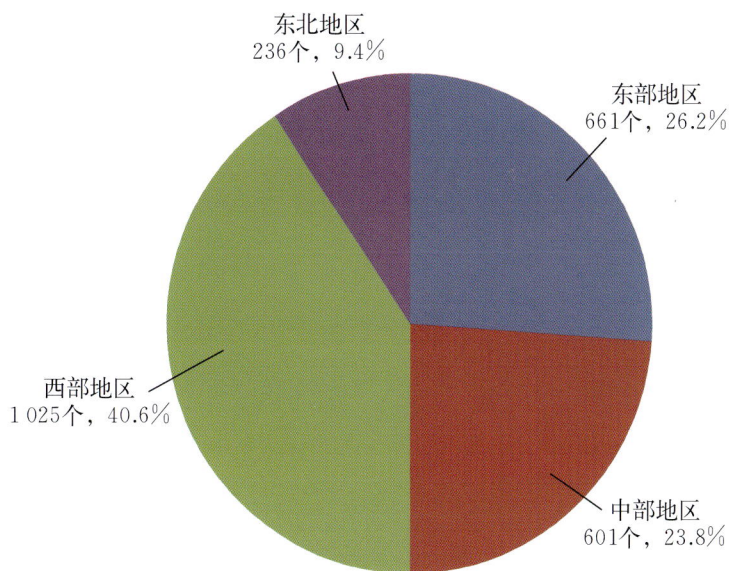

东北地区
236个，9.4%

东部地区
661个，26.2%

西部地区
1 025个，40.6%

中部地区
601个，23.8%

2018年农产品地理标志区域登记结构图

二、证后监管

（一）产品监测

2018年，中国绿色食品发展中心组织对山西、陕西、江西、安徽、湖北、湖南6个省级农产品地理标志工作机构30个获证产品的120个样品进行跟踪监测。从结果看，安全指标合格率100%，产品内在品质指标符合率比2017年提高25.5个百分点。

（二）摸底调查

为全面掌握全国地理标志农产品标志授权使用情况，中国绿色食品发展中心组织开展了标志使用授权摸底调查。调查结果显示，1 502个证书持有人授权4 505家生产经营主体使用农产品地理标志公共标识，占登记产品总数的59.6%。使用公共标识的生产主体中2 138家已纳入政府搭建的质量安全追溯体系平台，占授权用标生产主体总数的47.5%。

（三）专项检查

2018年11月底，"阳澄湖过水蟹"事件在央视《焦点访谈》栏目的播出，引起社会强烈反响。为进一步维护农产品地理标志信誉，切实保护蟹类生产经营者和消费者合法权益，中国绿色食品发展中心及时组织开展了蟹类农产品地理标志标志使用专项检查。

三、 业务培训

2018 年，中国绿色食品发展中心举办了 3 期全国性农产品地理标志培训班，培训内容涵盖品牌建设、知识产权、技术难点以及评审共性问题等，参训人数近 400 人。

此外，中国绿色食品发展中心支持省级工作机构及相关单位举办 9 期农产品地理标志核查员培训班，培训人数近 1 200 人次。中国绿色食品发展中心对参加培训并且考试合格的 437 人颁发了培训合格证书。

四、 品牌宣传

1. 活动宣传 2018 年 4 月 25 日，世界知识产权宣传周期间，中国绿色食品发展中心支持北京农业绿色食品办公室举办了"全国知识产权宣传周暨北京鸭农产品地理标志发布会"。此次发布会将"北京鸭"地标证书颁发与标志授权签约活动相结合，较好地提升了企业知识产权保护意识。CCTV－7 做了专题新闻报道。2018 年 5 月 9 日，中国绿色食品发展中心组织有关省级工作机构参加了在上海举办的"2018 中国品牌价值评价信息发布暨第二届中国品牌发展论坛"，佳木斯大米、灵宝苹果、三亚杜果等 26 个地理标志产品进入区域品牌前 100 名排行榜。

2. 展示推介 2018 年 11 月 1～5 日，第十六届中国国际农产品交易会期间，中国绿色食品发展中心在长沙举办农产品地理标志专展。本届地标专展参展面积近 3 000 平方米，共设立 208 个标准展位，34 个省级分展团，有 500 多个地标产品参展，参展产品涵盖果品、粮油、畜禽、水产、茶叶以及中药材等。南方都市报、农视网、CCTV－7、新浪网、今日头条等媒体进行了报道。18 个地标产品获得本届中国国际农产品交易会金奖。专展期间，中国绿色食品发展中心还成功举办了第四届全国农产品地理标志品牌推介会，有关县（区）政府领导亲自推介产品。推介会期间举行了国家级示范样板授牌、《源味中国》第二季推介以及现场品鉴等活动。

3. 示范创建 2018 年，中国绿色食品发展中心组织对泰来绿豆、余干辣椒、四川泡菜等 16 个国家级农产品地理标志示范样板进行了验收。截至 2018 年底，全国已创建国家级农产品地理标志示范样板 37 个，起到了良好的示范带动作用。

4. 媒体宣传 2018 年 2 月底至 3 月初，全国首部农产品地理标志纪录片《源味中国》在央视播出。该纪录片创新性地对地理标志农产品进行了宣传，使地理标志产品的社会认知度获得较大提升，其生动的宣传受到社会广泛关注，创造了较高的收视率。

第十六届中国国际农产品交易会农产品地理标志专展

地方典型

河南省汝阳县大力发展农产品地理标志带动当地脱贫

汝阳县充分挖掘地理生态、人文资源优势，抓住汝阳红薯、汝阳香菇获得农产品地理标志登记的机遇，集中力量统筹引导，推进全县特色农产品区域经济发展和品牌扶贫。其中，汝阳红薯获得登记保护以来，每千克价格增长 0.1~0.2 元，高档礼品箱每箱 5 千克售价 30～50 元，是以前的 7～10 倍，仅此一项为农民增收 1 500 万元以上。同时，品牌优势带动产业发展，2017 年以来，新增红薯专业合作社 6 个、育苗基地 2 个、育苗专业村 1 个、加工企业 2 个，各类红薯储藏窖 5 000 多座、储量 4 000 万千克，以每储藏 1 千克鲜薯净增 0.6～1.0 元计，至少可增收 2 400 万元以上。汝阳香菇登记保护后，鲜香菇每千克新增 1～1.5 元。香菇种植由 2 500 万袋发展到 3 000 余万袋。香菇产品走出中原，产业产值达到 4.8 亿元以上，带动从事食用菌产业 5 个乡镇 42 个村 2 164 户的 6 200 人，其中贫困户 1 000 余户。县里还与洛阳佳嘉乐农产品公司合作，筹资 5.5 亿元规划建设 100 个食用菌种植基地，全部投产后，将新增香菇种植 6 000 万袋，可带动 3 500 户 13 000 名贫困人员实现稳定脱贫。

五、国际交流与合作

2009 年底，中欧双方启动了中欧地理标志合作协定文本谈判工作。截至 2018 年底，双方已经进行了 20 轮谈判，35 个地理标志农产品列入首批中欧互认产品清单。现已启动第二批互认产品清单的申报工作。2018 年，中国绿色食品发展中心专门对首批中欧互认产品有关技术文本修改工作举办了一期培训班。

第五篇

无公害农产品

2018 绿色食品发展报告

第五篇　无公害农产品

一、发展概况

为适应加入 WTO 和保障食品安全需要，加强农产品质量安全监管、推进农业标准化建设，2001 年农业部启动"无公害食品行动计划"，32 个省份和计划单列市及新疆生产建设兵团相继启动了无公害农产品认证工作。2002 年，农业部、国家质量监督检验检疫总局颁布出台了《无公害农产品管理办法》等规章制度，并于 2003 年成立农业部农产品质量安全中心，负责开展全国无公害农产品统一认证。2006 年，国家颁布实施《农产品质量安全法》，无公害农产品进入依法管理轨道。

10 余年来，全国建立起了较为完善的"部—省—地—县"无公害农产品工作体系，省级 68 家工作机构、市级近 600 个、县级 5 000 多个，共有检查员 2 万余人。截至 2018 年底，无公害农产品生产主体约 4.2 万个，产品 8.4 万个，产量 2.0 亿吨，总面积 1 794.3 万公顷。其中，种植业产品 6.2 万个，种植规模 1 403 万公顷；畜牧业产品 1 万个；渔业产品 1.1 万个。

二、认证制度改革

2017 年，农业部职能整合调整领导小组办公室分别于 7 月 5 日和 11 月 21 日组织召开了无公害农产品和农产品地理标志相关工作交接专题研讨座谈会及无公害农产品和农产品地理标志相关工作推进会，部署和启动了无公害认证制度改革工作。会议明确，自 2018 年 1 月 1 日起，统一由中国绿色食品发展中心负责协调指导地方无公害农产品认证及管理工作。

2018 年 1 月 10 日，农业部办公厅下发《农业部办公厅关于调整无公害农产品认证、农产品地理标志审查工作的通知》（农办质〔2017〕41 号），正式宣布启动无公害农产品认证制度改革工作，并明确自 2018 年 1 月 1 日至 2018 年 3 月 31 日，暂停无公害农产品认证工作。

2018 年 4 月 24 日，农业农村部印发了《农业农村部办公厅关于做好无公害农产品认证制度改革过渡期间有关工作的通知》（农办质〔2018〕15 号），发布了《无公害农产品认定暂行办法》。中国绿色食品发展中心配套印发了《无公害农产品认定审核规范》《无公害农产品认定现场检查规范》《无公害农产品检查员注册管理办法》《无公害农产品内检员培训管理办法》《无公害农产品证书格式和编码规则》《无公害农产品、绿色食品、农产品地理标志定点检测机构管理办法》6个规范性制度文件，并统一制定了证书模板。5月下旬，中国绿色食品发展中心在合肥组织召开无公害农产品制度改革过渡期有关工作培训班，解读无公害制度调整的主要内容，推进各地有序承接无公害农产品的认定职能。

目前，各省（自治区、直辖市）遵照农业农村部有关文件精神，根据本省情况开展无公害农产品认定工作。